U0344049

听曾宇说酒· 读老酒文化· 学收藏之道

中国老酒全书

曾宇 —— 著

天津出版传媒集团
天津人民出版社

图书在版编目（CIP）数据

中国老酒全书 / 曾宇著 . -- 天津 : 天津人民出版社 , 2019.6（2022.4 重印）

ISBN 978-7-201-14210-4

Ⅰ . ①中… Ⅱ . ①曾… Ⅲ . ①酒文化 – 介绍 – 中国 Ⅳ . ① TS971.22

中国版本图书馆CIP数据核字(2018)第245450号

中 国 老 酒 全 书

ZHONGGUO LAOJIU QUANSHU

曾宇 著

出　　版　天津人民出版社
出 版 人　刘　庆
地　　址　天津市和平区西康路 35 号康岳大厦
邮政编码　300051
邮购电话　（022）23332469
电子信箱　reader@tjrmcbs.com

监　　制　黄　利　万　夏
责任编辑　玮丽斯
特约编辑　路思维
营销支持　曹莉丽
部分图片　摄图网
装帧设计　紫图装帧

制版印刷　艺堂印刷（天津）有限公司
经　　销　新华书店
开　　本　710 毫米 ×1000 毫米　1/16
印　　张　17
字　　数　160 千字
版次印次　2019 年 6 月第 1 版　2022 年 4 月第 5 次印刷
定　　价　99.00 元

曾宇说酒

曾品堂记

曾宇，曾品堂创始人，知名酒文化收藏家、陈年美酒系列畅销书作家、酒文化专栏作家、老酒文化传道者、全国多省市酒收藏协会名誉会长、顾问。

自序

我不是一介学者。

甚至谈不上是一个文化人。一个仅仅收藏了十九年酒的理工男是不敢冒称文化人的。

我希望自己是一个在酒文化之路上走了十几年、依然没有停下脚步的旅者。而我要做的，就是将旅行的真实感受记录下来。

这本书，便是我十几年收藏心得的真实记录。倘若以做学问的方法来写这本书，应该从酒的起源谈中国数千年酒文化脉络、谈谈诗词歌赋酒礼酒俗，再谈谈酒政酒事。然而我虽对学术充满敬意，但仍觉得距它相去甚远；最关键的是，我自认为我写不出高深的道理。

于是，这本书不谈学问，只谈看得见的文化、摸得着的实物。

谈谈酒，什么是好酒，人们对酒的误解有哪些；说说这些年里，中国的酒玩了些什么花样，又出了些什么问题。

谈谈老酒，什么是值得收藏的老酒，如何寻找老酒收藏的方向，老酒的行话，老酒的真伪如何辨别。

谈谈近百年的酒史、名酒的特色、地方酒蕴含的情怀……

看完这本书，您不一定会变成行家，但一定会重新认识酒、认识老酒。您也许会发现，原来中国酒文化博大精深不是一句空话，它有着实实在在的精神与物质传承。

最后，我想说的是，在时间如金的当下，您愿意读我的这本书，是我的荣幸。

目录

酒是个什么玩意儿

溯本

酒是个什么玩意儿？ ... 2
低度酒：历史与真相 ... 10
在酒界，有些词是“有罪”的 ... 18
白酒香型知多少？ ... 25
到底有没有物美价廉的酒 ... 32

酒是一面镜子

论史

致那些离我们远去的酒文化 ... 40
爷爷喝的酒：南酒中的情怀 ... 46
酒器掠影——不容忘却的日军侵华史 ... 51
新中国成立后的中国酒业与中国评酒会 ... 56

老酒入门知多少？

入门

不懂老酒定义，何来收藏之说？ ... 68
老酒能喝吗？ ... 76
有关老酒保质期的权威论证 ... 80
陈年白酒都会变黄吗？ ... 85

你应知道的“十七大名酒”

老酒

文千言，诗千首，且从茅台唱起头 ... 92

汾酒 ... 96

泸州老窖特曲 ... 100

西凤酒 ... 104

姚子雪曲——五粮液 ... 108

古井贡酒 ... 112

董酒 ... 115

全兴大曲 ... 118

洋河大曲 ... 120

剑南春 ... 123

双沟大曲 ... 127

郎酒 ... 130

黄鹤楼酒 ... 133

武陵酒 ... 136

宝丰酒 ... 139

宋河粮液 ... 142

沱牌曲酒 ... 145

走进老酒的大千世界

收藏

收藏老酒，你必须知道的行话（一）... 150

老酒行话（二）：与造假有关的行话 ... 157

这些假老酒，你都喝过吗？ ... 164

古董专家，别来祸害老酒界了！ ... 170

老酒行话（三）：名酒里的约定 ... 174

轻松进阶老酒藏家

进阶

你为什么要收藏老酒？ ... 186

老酒收藏的方向建议 ... 191

细节至上，鉴别老酒真假 ... 200

老酒收藏的风险 ... 207

老酒保存方法 ... 211

老酒收藏，是中国酒文化回归的前奏 ... 216

煮酒时光，漫说流年

文化

行走的汾酒 ... 224

行走的茅台 ... 228

行走的“山寨”酒 ... 233

行走的花酒 ... 236

行走的二锅头 ... 240

行走的膏粱酒 ... 246

那些与酒有关的精神境界 ... 250

酒不是妖，是照妖镜 ... 254

蒸煮

溯本

酒是个什么玩意儿

酒，是世上最朴实无华之物。它或浓郁，或清雅，或芳香四溢，或内敛深沉；它外表是水、内心是火；它清澈透明、质朴纯洁，却能给人带来刚烈震撼的美感。

中国酒之广，在于它种类繁多；其深，在于它深入人心。一杯酒，不止见于白酒，更见于黄酒、露酒、果酒、药酒；一滴酒，可深入饮酒习俗、酒令乃至民族精神。

酒是个什么玩意儿？

酒，是世上最朴实无华之物。

书有法，茶有道，酒中有天地。

我想说，大部分中国人是不懂酒的：不懂酒之工艺、酿造、传统，更不用谈理解酒之历史、文化与风土。即便是本人，混迹老酒收藏领域十余年，在浩渺的中华酒文化传统前仍自觉所猎之学远远不足。本书的开篇，我想从自己数十年对酒文化的领悟出发，谈谈酒的本质；再斗胆用当下流行的互联网“迭代”概念，说说中国的酒到底出了什么问题。

中国酒，怎么谈迭代？

用“迭代”的概念谈中国酒的本质，应是史无前例的。迭代，从最一开始的数学专有名词，变成互联网思维中的重要一维，指的是产品版本不断地升级、完善、蜕变。如苹果手机，从诞生起至今已经历十几次重要迭代，产品的不断升级换代带来的是不断革新的用户体验。

电子科技产品有迭代，传统领域的产品是否可以有迭代？如果有，那么酒的迭代版本则是以下几种形态——

中国酒的工业 1.0 版本：将酒划分为工业产品

酒是什么？让我们回到起点来寻找酒的定义。

大部分有关酒的权威定义是这样的：“酒的化学成分是乙醇，一般含有微量的杂醇和酯类物质。酒是以粮食为原料经发酵酿造而成的。”

酒=乙醇+水+其他成分

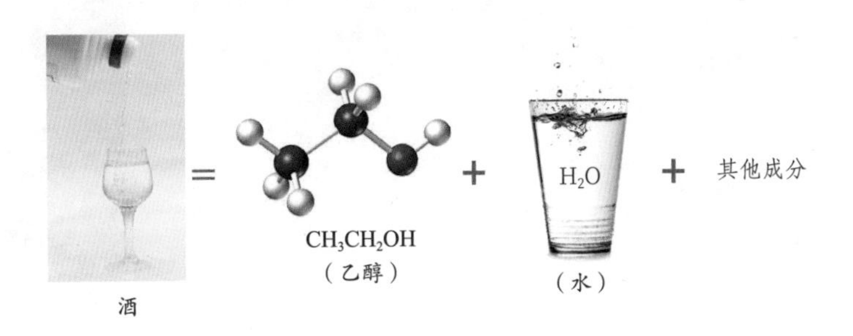

* 此处的酒指一般性产品。

这样主流的酒定义，将酒进行化学成分“解剖”，并得出“酒=乙醇+水+其他成分”的结论，这便是酒迭代过程中的1.0初级版本：它将酒定位为工业产品，不强调酒的特色属性，更不强调酒的历史、文化、传统属性——留其肉身，弃其精髓，丢其灵魂。

近代中国，酒一直被定位为工业产品。查询史料，在中华人民共和国成立后的文件中我们不难见到诸如“商业部、轻工部关于由生产单位解决散装白酒酒度的通知”的文字——彼时中国的酒，生产属于轻工部、销售属于商业部。这种有关酒的管理归属和思维定式决定了行业迄今为止的发展：全国各地均有酒厂被称作某某酒厂工业园、某某名酒工业园、某某酒工业园区。将酒划定为工业产品，将酒厂划定为工业园区，便是中国酒工业1.0版本的显著特征。

地缸发酵

将酒醅原料清蒸处理，然后拌曲放入陶缸，缸埋土中，发酵28天，取出蒸馏。

红高粱

清道光年间的《遵义府志》载：“茅台酒，仁怀城西茅台村制酒，黔省称第一。其料用纯高粱者上，用杂粮者次。”

中国酒的特色 2.0 版本：百家争艳酿好酒

一方水土，酿一方好酒——这便是中国酒的特色 2.0 版本。

中国酒因其特殊的地域自然环境、各地特色的粮食原料、酒曲种类以及各具特色的传统工艺，产生不同地域、不同风格的酒种与口感。这种特殊风格的形成，是中国广阔的地域、气候、原料、工艺因素影响的结果。

江南不少小曲酒以“肥膏”入酒、山西汾酒以地缸发酵、贵州茅台采用特有的当地产高粱、陕西的西凤采用特色的酒海进行贮存：酒之风土，亦见地方风物。

相对于工业 1.0 的版本，中国酒的特色 2.0 版本着眼于酒的地方特色，论证酒的地方工艺，见诸骨肉，亦有精髓，更胜一筹。

酒海

大型的盛酒容器。唐代诗人白居易《就花枝》诗曰：“就花枝，移酒海，今朝不醉明朝悔。”

中国酒的文化 3.0 版本：博大广深入人心

中国酒的文化 3.0 版本，与中国的传统文化精神有关。

在鄙人首本谈论陈年白酒的书中，曾在开篇写下了这样一句话:“酒，是世上最朴实无华之物。它或浓郁，或清雅，或芳香四溢，或内敛深沉；它外表是水，内心是火；它清澈透明、质朴纯洁，却能给人带来刚烈震撼的美感。”

四年前，我在写这句话的时候，窗外大雨倾盆。就着一杯小酒，我来了一次酒与心灵的对话，至今记忆犹新。南昌城中一角，一间陋室，我将十几年的酒文化珍藏归集于此——汉代的酒器、清代的酒标、“民国”的酒、解放初期的文书票证。每每有

作者的藏酒室一隅。

人参观，感慨“中国酒文化竟如此博大广深”之时，也是我顿感欣慰之时。事实上，中国酒之广，在于它种类繁多；其深，在于它深入人心。一杯酒，不止见于白酒，更见于黄酒、露酒、果酒、药酒；一滴酒，可深入饮酒习俗、酒令乃至民族精神。

这样对酒的理解，可让人生发出“临川献清酤”的豪迈，更可有“曲水流觞”之雅趣，容我在此大胆将这一番论调归为酒的文化 3.0 版本吧。

酒文化 3.0 版本，是否有迹可循？

中国酒业的 1.0 模式，怎能带来酒业的良性发展？

如果在书法界也有迭代，那么书法的 1.0 版本应是临摹，它讲求效益、速度、结果，可因与原著神似而获得大多数人的认可；书法的 2.0 版本，讲求的是审美的特色，或着眼于笔法形式之分，或倚重于人工精美的造诣；而书法的 3.0 版本，则见乎其神意无方、自然境界。

如果茶也有迭代思维，那么茶的 1.0 版本，在于饮茶，口渴即饮、举杯即饮、入座即饮，是饮茶者共有的朴素境界；其 2.0 版本，在于茶艺，得神、得趣、得味、得静，个中滋味，各有所得；其 3.0 版本，在于茶道，或饮茶悟道，或静虑放下，自在自为、还原本真。

书有法，茶有道，酒中有天地。

反观当下这三大类别的文化载体，书法之境界、茶道之参悟已为人们接受，换言之，书法与茶道已经成功地实现了 3.0 版本的迭代，获得了普遍的认知。然而遗憾的是，中国酒业仍然在 1.0 版本中寻找出路。

中国的酒，在工业 1.0 版本阶段作为工业产品，强调的是节约粮食、生产速度与经济效益。中国的酒厂进的不是文化产业园、观光园，而是工业园。一位位化工专业出身的专家泰斗们用 1.0 版本思维，创造了“麸曲”、创造了“新工艺白酒”、创造了“勾兑”，我们将出酒率奉为圭臬，每一次的效益提升都是一次行业的集体狂欢。（在此，鄙人并非对专家们不敬，在粮食短缺的年代，他们为中国酒业发展做出巨大贡献，这些老一辈的泰斗们值得我们致以最高的敬意。）可是在追求品质、文化的当下，这样的工业 1.0 版本早已过时。

将酒定位为工业产品，是束缚酒业发展的根本原因。国际上普遍将酒归为农产品，对于这样的农产品，更多的国家有着严格的进口要求。然而，当 2001 年中国加入 WTO 后，由于酒在中国的工业产品定位，我们面对世界各国的酒企敞开了大门。外国洋酒轻而易举地抢滩中国，在敲开贸易之门的同时，还将葡萄酒、洋酒文化大肆渗透——葡萄酒学院、酒庄文化、各种品酒课堂——消费者们面对这样的酒文化趋之若鹜、顶礼膜拜，言必称波尔多、勃艮第，如此景致令人嘘唏。反观中国酒，却因为缺少品牌身份、缺少特色风格、缺少文化渗透，而难以占领海外市场。

中国酒真的缺少文化内蕴吗？当我们谈及酒文化，无一不认同李太白为酒仙。他或“花间一壶酒，独酌无相亲”或“三杯通大道，一斗合自然”。遗憾的是，中国酒与文化已然断裂，文化当中的酒与现实中的酒，似乎并没有多大关系。我们尚且没有做到特色 2.0 版本，更不要提文化 3.0 版本，在有关酒的本质思维上，我们与国际上还存在着不小的距离。

酒厂囿于行业定位，更多的是做 1.0 版本的事。为了迎合消费者，他们不断玩着噱头与花样，各种概念呼之即来。而消费者则是喝着 1.0 版本的酒，听着 2.0、3.0 版本缥缈的故事，至于酒的特色、酒的风土、地域酒风情，好像跟自己并没有太大的干系，更说不上喝出文化品位与享受。

老百姓最终需要的，是 2.0 乃至 3.0 版本的酒。在如今品质化生活需求越来越高的当下，**能喝到安全、有特色、有故事的酒，应是所有老百姓们共同的期待。**

从 1.0 到 3.0，是迭代，也是回归

将酒认定为工业产品的思维定式，犹如给白酒行业套上一把锈迹斑斑的枷锁。从工业 1.0，到特色 2.0 乃至文化 3.0，这是中国酒业的迭代，更是历史的回归。

无论是 APEC 会议上，还是国家高层领导出访，越来越难以在重要场合找到中国白酒的身影，曾经政府引导、商界追随、老百姓跟风的中国白酒，如今已经有了重大的变化。白酒一家独大局面的转变，让我们联想起中国百年前酒业现状——黄酒、白酒、露酒、药酒四分天下，不仅如此，每一种美酒均是家族传承、地域特色的产物。百年后的今天，传统美酒渐渐回暖，地域特色渐渐复苏，这些都是良好的信号。

饮酒，在于“礼、中、乐、雅”——这样的风尚，如今在不少城市也开始复兴，重饮酒之道，重小酌微醺，如此酒道文化的回归，同样是良好的信号。

从 1.0 到 3.0，路漫漫，虽不能御风而行，却可把歌向前，豁然开朗。

低度酒：历史与真相

了解一件事情的真相，应该从历史中寻找答案。

不知从何时开始，喝酒，尤其是喝白酒，成为人们避之不及的负担。与其同时，低度酒由于其度数低、口味淡、入喉顺，更容易为大众接受。为什么人们对低度酒的接受度越来越高？低度酒和高度酒究竟有什么区别？低度酒真的“好喝不醉”吗？让我们跟随中国酒的发展历史，去一探究竟。

2015 年 7 月，我的公众号“陈香老酒”发布了一篇科普类的文章《那些忽悠了我们多年的低度酒真相》，文章一经刊发便被各路媒体疯狂转载（当然，大部分转载都没有标明原创出处，这是在中国做原创研究人的悲哀）。

事实证明，普通民众对酒知识十分匮乏，超出了我的意料；而做好酒类知识的科普，更是责任所在。

不知从何时开始，喝酒，尤其是喝白酒，成为人们避之不及的负担。动辄 52 度、53 度的白酒，少喝则怡情，喝多对肝脏是一种极大的负担。

与此同时，低度酒由于其度数低、口味淡、入喉顺，更容易为大众接受。酒桌上经常有朋友问我：“是不是喝低度酒，对身体更好？”“低度酒是不是粮食酒？”“低度酒到底是怎么生产出来的？”

了解一件事情的原委，需要从本质出发

酒的度数是什么？

目前国内采用的酒度表示法称为“标准酒度”，这也是国际上较为通用的酒度表示法。这种酒度表示法通常采用百分比形式，即酒中酒精（乙醇）的体积百分比。例如，我们常在酒类包装上看到 52% vol，这其中的 vol 便是 volume 体积一词的缩写，指的是 100 毫升体积单位的白酒中含有 52 毫升的酒精。

根据酒精含量的多少，酒又可分为高度酒和低度酒，不过这两种酒并没有严格意义的度数划分规定。通常情况下，41 度以上的白酒，被称为高度酒；而 41 度以下的白酒，则被认为是低度酒。

了解高低度酒的基本界定后，再让我们从历史出发，见证在中国，酒的度数经历了什么样的变化。

了解一件事情的真相，应该从历史中寻找答案

老祖宗的酒，从最一开始存在的形态而言，应是低度的。无论是传说中的黄帝、仪狄、杜康，还是考古学界推定的猿猴造酒，酒之诞生应来自上天的无意之举。而人类有意识地酿酒，则是在模仿大自然中果实成熟发酵的过程。

自然发酵的酒，度数可想而知。汉代人“能饮一石”（据查，汉代石为容量单位，相当于20升，约为29.95千克。编注），其度数不过6度上下，酒也不过是米酒，距离真正黄酒的标准还差了十万八千里。即便是闻名至今的唐代剑南烧春，尽管有“烧”字让人难免误以为是烧酒，其度数也不超过10度。试想李白赋诗百篇必须喝上一斗酒（合12斤左右），这对酒仙的膀胱是一种不小的考验。古时的人们一直在追求更高度数的酒，这种对高度酒的追求到了元朝终于得偿所愿，从欧洲和中亚引进的蒸馏酒法大大提高了酒的度数，其所酿造的酒又被称为烧酒、火酒。至此，酒的度数一路攀升到了明清时期，烧酒更是与黄酒、露酒、药酒等酒种一齐大放异彩，成为传统酒文化不可或缺的一抹亮色。

“民国”时期遍布全国的各大老字号酿酒坊里，前店后坊手工酿制的，都是高度白酒。值得一提的是，在当时，酒坊多为家族传承的手工作坊，其经营的产品往往不限于高度烧酒，还有度数偏低的黄酒和露酒，对酒精度数并不强调。

解放初期，全国实行酒类专卖管理。专卖品以国营、公私合营、特许私营及委托加工四种方式经营，其生产计划由专卖总公司统一制定。此时，国家对酒精度数有了严格的要求，“专卖机

黄酒

因色泽大都晶莹黄亮而得名。没有经过蒸馏，酒精含量低于20%（图为加饭酒，是绍兴黄酒广为人知的代表）。

露酒

在“药食同源”理论的基础上，采用不同加工方法调制而成。是中国古老且独具民族特色的酒种。

烧酒

透明无色的蒸馏酒，一般又称白酒。《本草纲目》中记载：烧酒非古法也。自元时始创其法，用浓酒和糟入甑，蒸令气上，用器凡酸坏之酒，皆可蒸烧。近时惟以糯米或粳米或黍或秫或大麦蒸熟，和曲蒸取。其清如水，味极浓烈，盖酒露也。

药酒

功效型酒类，主要目的在于治病养生。虎骨酒、龟龄集酒、十全大补酒、国公药酒、冯了性药酒都是中国传统的名药酒，流传民间已逾上百年。

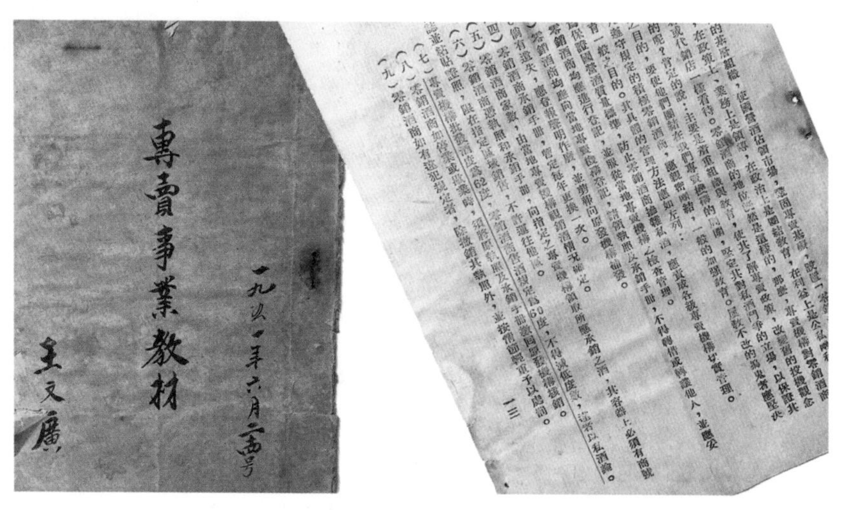

中华人民共和国成立初期，1951年6月出版的《专卖事业教材》明确规定："专卖机构批发酒度为62度，零销酒商售酒规定为60度，不得减低度数，违者予私酒论"。

构批发酒度为62度，零销酒商售酒规定为60度，不得减低度数"被写进了规章。

时至二十世纪七十年代中期，国家提出发展低度酒，初衷在于"发展低度酒，可以提高企业的经济效益、节约酿酒用粮、有利于身体健康、促进白酒行业科技进步"。1975年，张弓酒厂研制成功38度张弓酒，首开我国低度白酒之先河，填补了我国低度白酒生产空白。

这便是低度酒的诞生史，从整个中国酒的发展历史来看，我们经历了从低度酒不断追求高度化、继而又追求低度化的过程。然而，这种"低度——高度——低度"的过程绝不是简单的历史轮回，其中还有着不为人知的一面。

我们惯常会看到如下有关低度酒生产的描述："以优质高粱为原料，通过固体发酵，先酿造出优质基础酒，然后，加浆降度，冷冻过滤。酒体澄清透明、窖香浓郁、诸味协调、绵软适口、尾净味长。”传统工艺蒸馏出来的白酒，度数大都在60度以上。如何将酒降到30度、40度？加浆是其中必要的环节。然而，很少有人知道，这个在外人看起来颇具高大上特点的“加浆”实际上就是我们再熟悉不过的“掺水”。

卖酒掺水，古来有之。明代学者吴履震曾戏谑：“云间有嘲淡酒者，作《行香子》词云……这一瓶约重三斤。君还不信，把秤来称，有一斤酒，一斤水，一斤瓶。”鲁迅十二岁在咸亨酒店当伙计时，还因为不懂如何往酒里掺水而备受指责。值得一提的是，直至低度酒诞生以前，卖酒掺水，都是件不光彩的事情。一些传统传承的老字号以掺水为耻，往往承诺自家酿出的美酒绝不掺水，以此有别于小偷小摸、掺水作假的奸商。

掺水入酒，听起来不雅，于是改为专业术语“加浆”。一瓶高度白酒，一经加浆，再经历冷冻、过滤等手段，便诞生了低度酒。

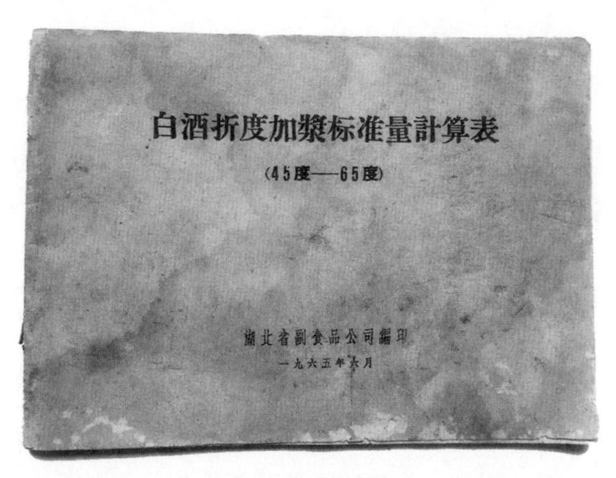

加浆，实际上就是加水。

低度老郎酒，老酒圈公认的陈味调味酒，将低度老郎酒和新品酱香型白酒调和饮用，陈香突出、醇厚而回味悠长。

然而，稍稍有些常识的酒友一定会问：“高度酒加水后，不仅口味变淡，那香气岂不是也消失了？”

这种技术问题对酒厂不是难事，通常情况下，为了让低度酒保持高度酒的风格，正规的酒厂会在酒中添加高级调味酒（这些调味酒十分珍贵，通常情况下是酒厂珍藏多年的原浆基酒），将这些风味调味酒勾调在低度酒中，以此来保持低度酒的风味。这样的低度酒，仍然算得上是不错的佳酿，有些低度酒更是会随着时间的存放，成为难得的调味酒。

然而，一些追逐利益的酒厂，则采取简便方法，直接以食用酒精加水降度，继而在低度酒中添加香精香料。这种添加了香精香料的低度酒成本低廉，长期饮用对身体有害。倘若你买的是市场上那些几块钱就能买到的低度酒，那喝的便不过是酒精和添加剂了。

从历史发展的脉络看，低度酒在中国的发展不过几十年。值得反思的是，这种通过人为加水改变酒精度数，以此让人喝着更舒服、能喝更多的现象，十分具备中国特色。酒桌上小酌慢饮不过瘾，豪饮拼酒又不现实——改变酒的度数，以达到既能多喝又能慢醉的目的。在我看来，“低度酒”折射出了酒桌文化之盛行给民众带来的隐形担忧。

由此想来，小酌三两杯传统工艺酿造、不滥用香精香料的高度美酒，或是喝点儿中国特色的低度黄酒、低度露酒、低度药酒，绝对胜过豪饮某些食用酒精兑水、再加香精香料的低度酒。

“民国”时期佛手露酒，出自上海真鼎阳观，被认为是能证明巴拿马历史的一瓶酒。

在酒界，有些词是“有罪”的

在酒界，很多词似乎生而便带有原罪。

在绝大多数老百姓的心中，酒被分成了两种：勾兑酒、纯粮食白酒。而这样的认识误区，至今已延续了数十年。不仅如此，在酒界，很多词似乎生而便带有原罪。然而事实上，这些有罪的词，本是无罪的。本文将站在历史的角度，为这些戴罪之词正名。

某次读书会上，我做了一次有关“中国传统酒文化之美”的主题发言。一位读者在会后与我交流：“曾老师，市场上的酒是不是都是勾兑的？到哪里去买纯粮食的白酒？”

这样的问题非常普遍。在绝大多数老百姓的心中，酒被分成了两种：勾兑酒、纯粮食白酒。而这样的认识误区，至今已延续了数十年。不仅如此，在酒界，很多词似乎生而便带有原罪。然而事实上，这些有罪的词，本是无罪的。本文将站在历史的角度，为这些戴罪之词正名。

“勾兑”

“勾兑”原本是一个中性词。

老祖宗的酿酒辞典里没有“勾兑”这个词。“勾兑”这个词的诞生，应该是在新中国成立后。当时为了构建名酒品质的稳定性，泸州老窖在二十世纪五十年代初首创用不同糟别（糟别指的是糟的种类，如底糟、粮糟、红糟、丢糟）的酒放在一起进行调和，勾兑的概念由此而来，它被始创出来时，绝无贬义。

二十世纪六十年代初期泸州老窖大曲酒标

二十世纪六十年代初期，在泸州曲酒的勾兑工作中，由糟酒勾兑进一步发展成酒相互掺兑，俗称“扯兑”，以一定的百分比混合在一个坛中，然后包装出厂。

勾兑这一概念，由最早的酒与酒之间的混合，发展到后来渐渐地变了味，主要是因为食用酒精勾兑的泛滥。从五十年代末，酒界泰斗熊子书先生研究“饮料酒精兑制白酒”以来，“三精一水”这种奇葩的历史产物便随之而来——酒精、香精、糖精加上水共同配置出来的酒，香气刺鼻，口感亦差。于是，勾兑伴随着“三精一水”，成了贬义词，给当时的老百姓留下了极坏的印象。

勾兑再一次进入最不受欢迎榜单，是在最近几年。不断有酒类品牌被媒体曝光使用食用酒精勾兑产品，使得老百姓彻底对勾兑失去了信任，这个原本在酿酒领域里中性的专业术语从此被贴上了“劣质”标签。虽说勾兑确实有那么一点儿冤屈，可是正如世上本没有路，走的人多了，也就成了路；勾兑本无罪，可是大家都认为它有罪，于是它便罪恶滔天、永世不得翻身了。

那么问题来了，白酒生产出来，到底是否需要勾兑呢？

传统白酒要在特定的自然环境下才能酿造，通常情况下还是开放式生产，因此，会受到环境、气候、温度和空气中微生物的影响。一年中四季交替，温度发生变化，自然环境中的微生物也在发生变化，这就导致不同季节生产出来的酒，味道会有所不同。然而，从市场的角度试想一下，如果在春天买的酒和冬天的酒口感不同，对于消费者来说，这不是产品质量有问题吗？于是，**为了保证口感的稳定性，酒厂需要将原酒互相调配，以达到稳定的酒质和口感，再投放市场。这便是勾兑的本意。**

中国传统白酒有十二大香型，尽管特点各有不同，但其标准中有两句话必然相同：“严禁添加非自身发酵物质，严禁添加食用酒精。”理论上，传统的勾兑工艺，指的是以酒兑酒，不添加任何非自身发酵的物质（即添加剂）。然而，实际情况是：由于食用酒精中香精、香料的滥用，勾兑一词随之与酒精酒捆绑在一

老宣传画。

起，成为人们心中劣质酒的标志，这才导致了消费者谈“勾兑”色变。

一言概之，同为勾兑，酒与酒的“勾兑”与酒精、香精、香料之间的“勾兑”是有天壤之别的。然而，因为大家对后者的概念根深蒂固，很多生产传统酒的酒厂目前也便顺应形势，或将“勾兑”工艺改为“勾调”，或干脆闭口不提了。

勾兑本无罪，有罪的是被滥用的食用酒精里的添加剂。

“食用酒精”

与“勾兑”同样有罪的，是“食用酒精”一词。

中国人的恐酒精症是有深刻的历史背景的。老祖宗们是幸福的，在他们的生活里，没有三聚氰胺、苏丹红，没有化肥农药，更没有食用酒精。

可是，正如上文提到的，五十年代末，由于粮食紧缺，“三精一水”登上历史舞台，喝惯了用传统工艺酿制的粮食酒的人们发现，“三精一水”的酒有一股刺鼻的香蕉水味不说，喝起来更是难以下咽，更不要谈回味了。没有对比就没有伤害，从此，人们对酒精的坏印象就产生了。

到了二十世纪80年代，各个地方“当县长，办酒厂”竞赛开始，酒厂遍地开花。为求产量，有的酒厂开始用酒精勾兑白酒，一些小酒厂为了节省成本，甚至使用低劣的酒精勾兑。

九十年代，毒酒案爆发。不法分子竟然用工业酒精勾兑白酒，轻则造成饮用者失明，重则危及生命。

从此，酒精、勾兑二兄弟在中国再也抬不起头来。

酒精真的有那么可怕吗？

俄罗斯人喝的伏特加，就是95度的酒精再加上蒸馏水处理后的饮料。俄罗斯人喝了500年的酒精加水，仍将它奉为“俄罗斯的上帝”。

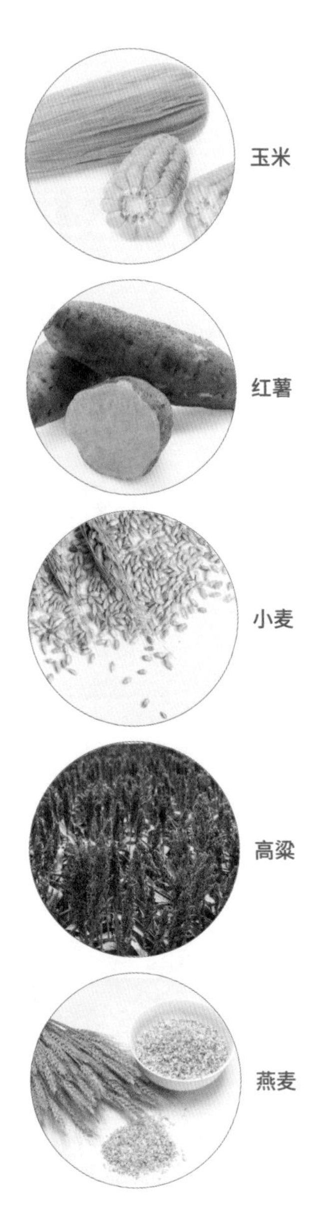

在酒精的生产过程中，同样需要粮食的参与。除了图中的这些淀粉类作物外，糖质原料（如蔗糖、甜菜）、纤维质原料（如稻草、玉米秆、花生壳）都曾经参与到酒精的生产中。

再者，食用酒精其实也是粮食做的，它的原料或是薯类，或是玉米和谷类。生产食用酒精走的是机械化路线，几天时间，玉米和薯类通过液态发酵蒸馏出高纯度的酒精。因此，不少厂家宣称自己十几元售价的白酒也是纯粮食酿造，便缘于此；即便说中

传统工艺白酒生产流程图

国所有的白酒都是纯粮酿造也绝不过分。

说食用酒精可怕，倒不如说，可怕的是工业酒精制成的、可要人命的假酒；更可怕的是为了香气和口感不惜在食用酒精中添加大量香精、香料添加剂兑出来的酒，如果长期饮用这些酒，对身体百害无一利。

酒精本无罪，有罪的还是泛滥使用的添加剂。

如何准确地描述心中的好酒？

勾兑是被误读的工艺，而纯粮食酒亦是概念误区，那么我们真正想要买到的好酒，应该以何词汇表达？

事实上，老百姓心中真正的纯粮酒，实际上还是我们老祖宗的那一套传统工艺生产的酒——传统的粮食、传统的蒸煮、传统的发酵、传统的蒸馏和储存，才酿出具有传统味道的酒，它往往需要数月甚至数年的慢作累积才能生产出来，这在专业上被称为“固态酿造”。

所以，与其说我们想喝纯粮酒，不如说我们是想喝传统工艺酿造出来的酒。

传统工艺美酒（固态发酵、酒与酒勾兑）与新工艺酒（液态发酵、食用酒精勾兑）之间的区别，就好似手擀面与方便面的区别：同样是面，手工面慢工细做，用的是新鲜食材；方便面方便快捷，用的是调料包。而同样是酒，食用酒精酒快捷便宜；传统工艺酒诉诸传承。

朋友们，你们会选择哪一种？

白酒香型知多少？

先有酒后有香型，香型是判断酒类型和特点的重要标准。

很多人喝了一辈子酒，却不了解什么是香型。更有很多人，无法分辨香型的差别。了解白酒香型，了解白酒口感的差异，才对得起“品酒”二字。

香型彰显了不同类型的白酒在口感上的特质，是判断酒的类型和特点的一个重要考量标准。

白酒香型历史剖析

香型，并非一开始就存在于中国白酒的历史中。新中国成立后，由于生产条件的限制，散装白酒占所有白酒总量的 90%，这些酒要么被称为老白干、二锅头、烧酒、高粱酒，要么以产地、人名来命名。翻查以前的老资料可知，在二十世纪 70 年代以前，白酒还根本没有香型一说。

香型说法源自何时？

中国的酒特色各异、风格不一。从二十世纪 50 年代开始，为了振兴中国酒业，国内开始举办评酒会。然而，原料不同、工艺不同的酒，口感必定千差万别，如何进行公正的品评？“香型”这一概念应运而生。

1979 年，第三届全国白酒评酒会上，首次提出用香型来区分各个地方特色白酒的差异：比如茅台、汾酒、泸州老窖，这些酒在香气、口感上各有不同，将这些差异定性下来，于是有了香型。

白酒香型哪里看？

自 1979 年以后，中国白酒开始有了香型的概念。然而，在此之后生产的白酒，并没有因此而规范标注信息。很多那个时候的酒，仍然没有标注香型。因此想要知道它们的香型，则需要对酒厂历史及产品信息有一定的了解。

不过，随着国家对于酒类生产信息标识的规范，现在市面的新酒，包装盒或者酒标上都会标注“香型”。

中国白酒十大香型

酱香型代表：茅台

兼香型代表：白云边

浓香型代表：五粮液

清香型代表：汾酒

凤香型代表：西凤酒

董香型代表：董酒

特香型代表：四特酒

豉香型代表：玉冰烧

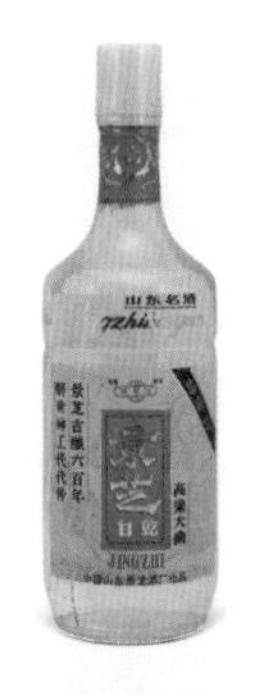

芝麻香型代表：景芝白干

米香型代表：桂林三花酒

白酒香型知多少？

中国白酒历经发展，如今有了十二种香型（此外，也有人将白酒分为十大香型和两小香型）。

这些香型，分别有专属自己的代表品牌，它们在酿造原料、酿造设备以及口感特点上各有不同。

香型	代表性白酒	酒曲	发酵设备	特点
酱香型	茅台、郎酒、武陵酒、习酒	高温大曲	条石窖	酱味浓郁、丰满醇厚、空杯留香
浓香型	五粮液、泸州老窖、全兴大曲、古井贡酒	中、高温大曲	泥窖	有浓郁的窖香、入口甜、落口绵、尾子净、余香长
清香型	汾酒、黄鹤楼、宝丰酒	低温大曲（汾酒）、麸曲（二锅头）	地缸、砖窖	清、净
米香型	桂林三花酒	小曲	陶缸、不锈钢罐	清甜米香
凤香型	西凤酒	中、高温大曲	泥窖	清香型与浓香型兼而有之
药香型	董酒	大小曲并用	不同窖并用	特殊的药香
兼香型	白云边、白沙液	大曲	砖窖、泥窖	浓香与酱香兼而有之
特香型	四特酒	大曲	红褚条石窖	清、浓、酱香兼而有之
豉香型	九江双蒸酒	小曲	地缸	独特的豉香味
芝麻香型	景芝白干	麸曲为主	砖窖	特殊的焦香味
老白干型	衡水老白干	中温大曲	地缸	味道浓烈、口感清爽
馥郁香型	酒鬼酒	大曲、小曲	泥窖	前浓、中清、后酱的风味

白酒香型小常识

要想了解白酒香型，光看文字肯定是不够的，最好是能将不同种类的酒放置在一块，通过闻、品来体会细微的差别，这样一定会有飞速的进步。

酱香型白酒最大的特点是，色泽有些微黄（那些人为添加色素的除外），闻起来有一种类似豆类发酵时的酱香、焦香、煳香味，分辨酱香型白酒品质有一个小秘诀：将一小杯酒敞开放置一段时间，然后再闻一闻，优质的酱香型白酒香味依旧，没有杂味，这就是空杯留香。

浓香型白酒，闻起来有一种泥窖香。不过浓香型白酒也分派系，有浓香中带有陈味的四川派系，还有以口味纯、甜、净、爽为特点的江淮派系。总体来说，浓香型的酒，入口通常比较绵甜，香味很协调。

清香型白酒，顾名思义，闻起来很清纯。在专业术语里，这叫一清到底、清香纯正。清香型的白酒，没有太多复杂的香味，有些会有类似水果的香气，细细闻起来，会觉得很优雅、舒适。这种香型的酒，喝起来可是非常爽口的。

米香型白酒以大米为原料，用的是非常特别的小曲（又名药曲）。因此这种香型的酒，闻上去有一种特别的蜜香，口味偏甜且柔和，刺激性小。小曲发酵的酒，曾经是江南“南酒”的特色，只可惜现在放眼整个中国，“南酒”已经全线溃败，如今，再难品到真正的小曲米香口感的白酒。

药香型白酒，又称董香型，代表的酒是贵州董酒。分辨董香型酒，主要是看酒的浓郁、香气中是不是带有药香。药香型白酒在酿制过程中采用大小曲，这大小曲中加入了几十味中药材，因此它既有大曲的浓香，又有小曲的柔甜，而且又带有淡淡的药香。

兼香型白酒，即两种香味兼而有之。通常的兼香都是浓香、酱香的结合。要么闻起来以酱香为主、略带浓香，要么以浓香为主、闻起来又有酱香的风味。兼香型的酒，浓酱协调，所以口感也非常丰满，回味较长。

特香型白酒是以四特酒命名的，不过实际上江西产的很多白酒都具备特香型风味。这种香型的酒，清香带有浓香，细细闻起来，还有一丝酱香的焦煳味。特香型的酒品尝起来口味柔和，且绵中带甜味，有时还会品尝出糟味。所以也有人评论特香型白酒“浓、清、酱三香兼备而不靠”，这应该是对这个类型的白酒最好的总结了。

不同香型的白酒，分别有专属自己的代表品牌。

豉香型白酒度数普遍偏低（现在也有高度豉香型白酒，但主流仍是低度），它是中国曾经出口东南亚销量最大的香型白酒。豉香型白酒闻起来有豆豉香味，还会有一点儿油哈味（就是油脂味）。这种酒采用大米为原料，因此口感醇厚甘润，后味爽净。

芝麻香型白酒在酿制的过程中，并没有加入芝麻。这个香型非常特别，既有清香型白酒的清净典雅，又有浓香型白酒的绵柔丰满，还具有酱香型白酒的优雅细腻，闻起来还有极为浓烈的焙炒芝麻的香气。芝麻香型的白酒口味比较醇厚，但后味有丝丝苦味。

老白干香型白酒与清香型白酒比较接近。不过，它闻起来香气很清雅，清香之余还带有一些浓香型白酒的香气。与清香型白酒相比，老白干香型白酒更醇厚、香味更大，入口以后还有回甜和回香。不过，很多人面对这两种香型的白酒都“傻傻分不清楚”，的确，老白干香型在香型王国里只能算得上是小香型，不是主流。

馥郁香型白酒的代表作就是“酒鬼酒”，馥郁香型白酒的特点简而言之就是“前浓、中清、后酱”。事实上，馥郁香型和老白干香型一样，都属于小香型，它们的香型特征与主流香型比起来并不明显，更多的是某个品牌为了找到自己产品的特色而追加的一种香型。

穿越历史、见证老酒的香型，在香型天地中，有清、浓、酱、米四大主流香型，也有药香、特香、豉香等香型独特、较好分辨的特色香型，更有让人难以辨雌雄的老白干、馥郁香型等小香型。

分辨白酒香型，方能品味中国白酒之精髓。

到底有没有物美价廉的酒

一瓶好酒的成本，
远比我们想象的要复杂得多。

很多人往往认为，酒的原料就是粮食和水，按照原料成本来推算酒的价格，不过就是十几元而已，凭什么有些酒能卖出如此高价？一瓶酒的成本，到底是多少？

一瓶酒的成本，确实是粮食和水。然而，一瓶好酒的成本，远比我们想象的要复杂得多。

一瓶酒，原料是它初始成本

酒精勾兑的酒，原料是食用酒精，价位大概在5000元—6000元/吨。

传统工艺酿造的酒，原料通常为高粱、玉米、小麦、大米、糯米等谷物。优质酒对原料要求很高，如谷物颗粒要饱满、新鲜，有些甚至对粮食产地和品质都有非常具体的要求。

单从原料成本而言，优质酒至少是酒精勾兑酒的两三倍。

粮食原料

一瓶酒，人力是它的附加成本

传统工艺酿造的酒，具体到每种香型，甚至不同酒厂，对酒的生产流程的要求也是不一样的。但总的来说，生产工艺都非常复杂。

原料处理、泡粮、蒸煮、摊晾、翻粮、拌曲、入窖、出酒、缸储……每一道环节都需要有专门的人员来操作，这其中所涉及的时间、人力、物料成本，远非原料成本可以涵盖。

一瓶酒，运营是它的品质成本

一瓶酒的上市，除正常缴纳的所得税、附加税外，酒厂还需要承担白酒消费税。不仅如此，品质的稳定、售后的服务、渠道的维护、物流的保障，甚至环保的承诺，都是一个酒类品牌在运营中需要投入的人力、物力、财力。

当然这其中最需要保证的是品质稳定。而在我看来，越是大的酒厂，对品控抓得越严格，所以这也无怪乎名酒价格更高了。

一瓶酒，时间是它最昂贵的成本

一瓶酒的酿造需要时间，陈储更需要时间。好酒需要陈酿，刚生产出来的新酒辛辣刺激，这样的酒直接投入市场，没几个人能喝得惯。

因此，有品质的酒厂往往会将这些新酒储存一段时间后再考虑上市。让酒自然老熟，让酒体因为时间的储存而产生醇厚感。

但是在陈储过程中，酒会自然挥发，损失不可预计。这就是酒的时间成本所带来的风险。

传统工艺

储存照片

举例来说，茅台酒厂每年生产的酒要封存三年以上才能勾兑，勾兑后又要存放一年以上才能出厂，再加上投料、发酵、烤酒的时间，最后到消费者手上的茅台酒，酒龄至少都在五年以上。事实上，每个酒厂都视库存老基酒为珍宝，所以真正有年份的酒，一定是价值不菲的。

一瓶酒，历史与自然环境是它的背书

一家刚刚建成的酒厂，即使聘请再优秀的酿酒人才，仍然无法百分之百保证品质，这是因为，酒归根到底，还是自然历史的造物。

据说浓香型白酒的窖池，至少要在 25 年以上，方才称得上是好窖。好窖的微生物酿出的酒，自然天成。如果您到过老酒厂（下图为鸭溪窖酒厂），一定会对它肃然起敬。因为在它背后，是

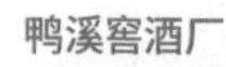
鸭溪窖酒厂

风土、是气候、是历史。一块好的风水宝地、一群老的窖池，还有一方宁静的储酒室——所有这些的结合，方能造就一个品牌的诞生。

一瓶酒，稀缺度决定了价格的飞升

限量供应的高品质商品，往往更会引起人们趋之若鹜，酒亦如此。茅台酒因其产量稀缺，近几年价格连连上涨。

而一些酒厂的老基酒同样价格不菲：2012 年，一坛 1981 年 5 月封存的原坛千斤容量董酒原浆拍卖价格为 609.5 万元。2013 年，产于 1963 年的泸州老窖年份老酒，共计 700 多斤拍卖出 1100 万天价。

一件东西的价值如果仅仅以原料来核算、用“淘宝价”来对比，别说是白酒了，在哪个行业都是行不通的：卖价近万的苹果手机，材料成本不到 3000 元。5000 元的爱马仕皮带，材料成本不到百元。2 万元的 LV 包包，材料成本不过数百元而已。

董酒原浆。

同理，一瓶酒的价值，不应仅仅从原料出发，它身上附着的品牌、文化、历史、人力、税费、运营、时间和稀缺程度，都是我们需要考虑到的因素。

如果要问，现在几十元还能买到好酒吗？我只能说，在这个商业化的市场经济时代里，已经很难有真正的物美价廉，更多是满足您心中的“物有所值”。

拌料

论史

酒是一面镜子

以史为镜，可以知兴替。酒虽然只是浩渺的中华文化中的一粟，但是如若我们了解了它的兴衰历程，也可以从中窥见泱泱中国的基本面貌和发展历程。在中国酒文化史里，近现代是非常重要的时期，这个时期的中国酒史充满求索、苦难、奋斗与革新，对国人有着非同一般的意义。

致那些离我们远去的酒文化

酒文化，是我们文化记忆中不可分割的一部分。

中国古代的酒文化，听起来总好似曲高和寡，犹在千里之外；传承千百年的酒礼酒俗虽然已经深入国人骨髓，但读起来却并不是那么令人舒适。我想其根本在于这些酒文化内容是符号化、文字化的产物，而缺少实物的支撑。本文中，让我们另辟蹊径，以实物讲故事，一起领略中国异彩纷呈的酒文化。

人们常说，中国酒文化代表中国精神。然而，这种精神，在近代的中国文化中逐渐失落。如今的中国酒文化却向社会怪现状转变：拼酒斗酒逼酒劝酒之陋习让不少人对中国酒文化望而生畏。许多人谈起酒，不再有“酒逢知己千杯少”的感慨，更谈不上对酒文化的敬仰和倾慕，反倒多了几分无奈。这多少应归因于古与今之间的文化断层。

涉入陈年白酒收藏领域以来，阅历手中的上万件藏品，我深感中国近代酒文化亟待挖掘、复兴。通过陈年白酒、酒器、酒标等实物来还原真实、多元的中国近代酒文化，成为我近年来酒文化研究的主要方向。本人在以往的文章中曾多次强调，收藏陈年白酒的价值不仅体现在其实物本身的价值，更体现在其文化内涵上。了解那些有文化内涵、有历史的陈年老酒，应是收藏中最见初心之事。

在中国酒文化史中，近现代是非常重要的时期。这个时期的中国酒史充满求索、苦难、奋斗与革新，对每位国人都有着非同一般的意义，它与古代酒文化相比，不仅与我们更加息息相关，更是我们文化记忆中不可分割的一部分。

“民国”时期的酒产区

清末民初，战争频发，当时刚成立的国民政府为维护统治，一方面鼓励实业，另一方面又征收重税。彼时北方盛行烧酒，而南方以黄酒为盛——“南方之黄酒，以稻为之，家家可酿，而烧酒则沽之酒肆。”南方的黄酒，家家可酿，购买烧酒则到烧房酒肆方可。

从 1933 年财政部统计的征收公卖费税土酒种类年产量上看，

以江苏和河北领先。“民国”年间的南洋劝业会、工商部中华国货展览会、西湖博览会和巴拿马万国博览会，江浙地区遥遥领先的奖牌数量让这两处地方成为当之无愧的核心产区。这种名酒分布格局基本延续了清代名酒中心的地位。可以说，“民国”时候的江浙地区就类似我们现在的川贵地区，是中国酒业的核心区域。

“民国”时期，中国白酒的酿造技艺已然成熟，全国各地纷纷涌现出名酒，当时的白酒著名产区主要有汾阳地区、凤翔地区、洋河地区、泸州地区以及茅台地区。此外，还有牛庄地区、天津地区以及山东地区。

南北差异里的酒种差别

整个“民国”时期，有关白酒的主流观念是酿酒耗费粮食，因此在酿酒原料的选择上，通常选择高粱、谷子等杂粮，高粱被普遍认为是酿酒的上佳选择。由于酿酒粮食与食用粮食没有大冲突，政府便逐渐放宽限制，开始鼓励和支持酿酒业的发展。其时，中国白酒出现了较为明显的南北方分支：白酒产量北多南少、东多西少。北方流行高粱酿制的烧酒，南方流行稻谷酿制的黄酒。

不容忽视的是，该时期北方烧酒工艺普遍南传，不少仿名酒口感的工艺也随之传播：汾酒此时在全国多处均有酿制便是最好例证。武汉的益成汾酒厂，便得名于“汾酒”，其总厂设于汉口镇

“民国”时期拥有众多分号的益成汾酒厂。

“民国”时期加米旧酒的印章。

老官庙，是晋商“北直帮”设立的著名的汾酒糟坊，该厂当时在各地还设有多家分厂，生产优质汾酒等各种名酒。

前店后坊的特色作坊

“民国”时，酒坊都是私人作坊，其酿酒的技术与工艺也多为家族传承，这些酒坊俗称烧锅、烧房、糟户；它们生产规模小、自产自销，通常是前店后坊；为方便交通，这些酒坊往往位于交通要道和商业繁荣的地方。许多名酒的老窖池如今都还保留了这种坐落格局和特色，如泸州老窖的清代作坊大多位于泸州城临长、沱两江的岸道，五粮液的多个老糟坊也均位于水陆交通辐辏之地。

这样的家族酒坊在新中国成立后的公私合营风潮中逐渐销声匿迹，如今，人们在品着波尔多红酒，徜徉在那些高高在上的酒

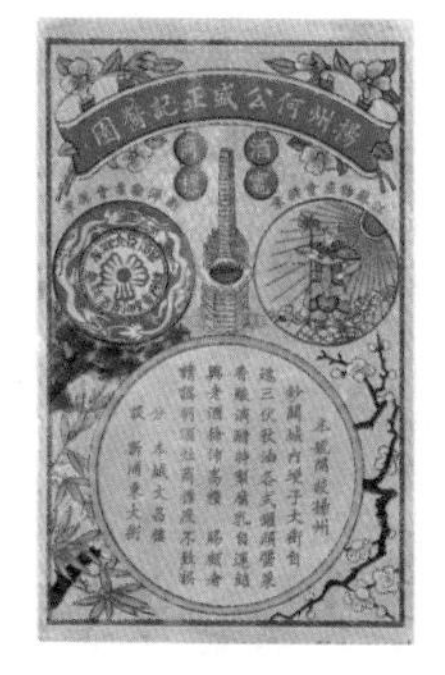

“民国”时期的酒标（家族传承、特色美酒）。

庄家族史光环之下时，是否会想到那些曾经誉满中华、充满风土人文的中国酒坊？

争奇斗艳的特色美酒

为了在竞争中处于不败之地，各烧坊都争取酿出各具特色的美酒，因此酒种较多。白酒在当时与露酒、药酒、黄酒几乎是并驾齐驱、不分伯仲的。以 1929 年南京国民政府开办的西湖博览会为例，这个被誉为“世界级博览会”的展会展出了十四万余件展品，范围十分广泛，几乎涉及所有行业，酒也是其中一个参展类别。该博览会分为特等奖、优等奖、一等奖、二等奖。最后评出特等奖 239 个、优等奖 958 个、一等奖 1471 个、二等奖 981 个，共评奖 3649 个。露酒、药酒、黄酒、白酒均斩获不少大奖。从西湖博览会上获奖的名单来看，白酒的获奖数量仅占所有获奖酒总数的 20% 不到。这些白酒的品名除汾酒、回沙茅酒、白燃酒具有一定的识别性以外，其他的统一以烧酒、高粱烧、白酒、糟烧等冠名。

相比白酒名称的单一，非白酒酒种的名称则丰富许多：白玫瑰酒、甘露酒、紫美露酒、济美露酒、竹丝汁酒、金波酒、卫生蜜酒、豆蔻露酒、荔枝酒、葵花酒、首乌元参半夏野白术天门冬五加皮酒、舒气佛手酒、虎骨木瓜酒、铁精牛肉酒、百岁酒、碧绿酒……在获奖的一百余种酒中，这些黄酒、露酒和药酒品类异彩纷呈。

从这些各具特色的酒名、酒品来看，成立后的南京国民政府应该说对当时酿酒业的发展还是起到了积极的鼓励作用，很多私人的酒坊酿出各具特色的酒，中国酒文化的多样性在这个阶段得到了较好的体现。

在本人的藏品中，有不少“民国”时期的非白酒酒种，这些具有中华特色的美酒早期曾外销到海外，以致至今还有很多海外华人对中国酒的认知停留在“民国”时期的特色名酒。

非白酒类别的特色酒是中华之特色、民族之精华，它们在近百年前曾夺走了很多老外的芳心，缘何后来却未能得到国人的青睐呢？我想，这应该是值得所有爱酒之人思考的一个问题。

“民国”时期的中国酒。

爷爷喝的酒：南酒中的情怀

南酒失落，中国地域酒的特色也逐渐消失。

“民国”时期高粮烧酒

你听说过这些酒吗——白橄榄活血酒、棉酒、金波卫生酒、茄皮酒、药果酒、柠檬酒、冰雪露酒，它们名称各异，酒度不一，色泽也非常丰富。而生产它们的酒坊，大都是家族传承的酒坊，如山东孙敏卿玉堂号、安徽胡广源、广西黄卓伦，想来当时应该都算得上是名震一方的酒庄。这些，也许便是我的爷爷在那个年代能得幸喝到的美酒。

“民国”年间使用的牌匾。

左图中这个“民国”年间使用的牌匾，是几年前我在一位一线收老酒的酒友处寻来。当时托着这块颇大牌匾的我如获至宝，对于我来说，没有什么比这牌匾中的“南酒”二字更难得珍贵的了，它所代表的这一段时期的酒文化史，是集中华传统美酒大成的一段历史。对于我来说，那更是一段“爷爷喝的酒”的美好过往。

祖辈们生活的那个年代，中国的酒业热闹非凡——黄酒、白酒、露酒、药酒四分天下，许多酿造酒的酒坊生产各式美酒：佛手露酒、玫瑰露酒、五加皮酒，这些酒光是看名字，就令人心生遐想。在这个年代里，亦产生了至今仍令酒界津津乐道的一次博览会——巴拿马万国博览会。想来，这一赛会在当时的中国应是一件特别提升民族气节的喜事，这一点，从我收藏的一张“民国”时期“老天成酒标”中记载的“北直老天成荣获巴拿马万国赛会金奖”之文字多少能见出端倪。

在这场影响力持续近百年仍然经久不衰，甚至引起无数争议的赛会上，中华美酒唱了绝对的主角。白橄榄活血酒、棉酒、金波卫生酒、茄皮酒、药果酒、柠檬酒、冰雪露酒，它们名称各异，酒度不一，色泽也非常丰富。而生产它们的酒坊，大都是家族传承的酒坊，如山东孙敏卿玉堂号、安徽胡广源、广西黄卓伦，想来在当时应该都算得上是名震一方的酒庄。

以上这些酒，也许便是我的爷爷在那个年代能得幸喝到的美酒。不过，身处当时交通尚且封闭的年代，这些丰富的美酒是否能遍及大江南北，答案应该是否定的。老百姓们喝的更多的，是用当地的传统、当地的粮

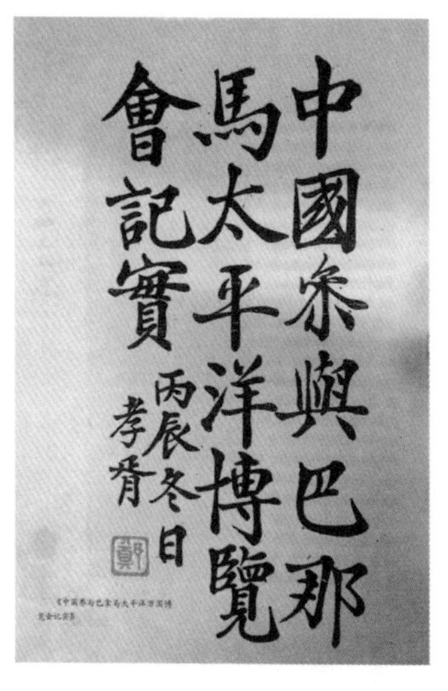

巴拿马万国博览会相关史料。

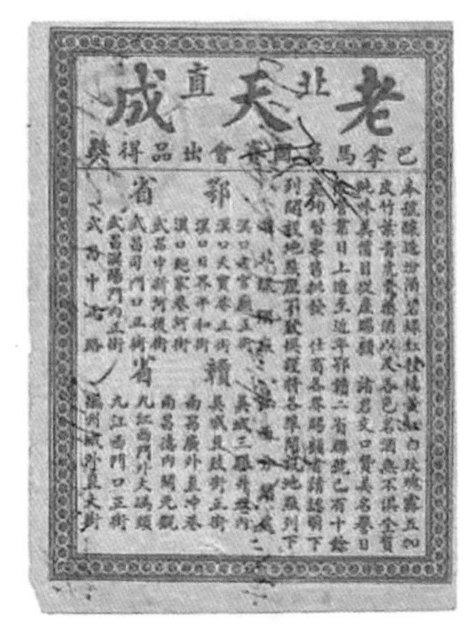

“民国”时期“老天成酒标”。

食，结合当地的酿酒习俗以及特有的酿酒气候，酿造出来的属于当地风土的美酒。

近年来，我因着这一份执着，一直对传统地域酒文化颇为执迷。地域不同，酿酒的方式和时间也不同：有些地方，仅在清明前后酿酒，而酒的原料必定要采用当地的特有粮食；有些地方则不然，人们会选择立夏刮南风时，将自己耕种丰收的粮食按照祖辈传承下来的工艺蒸酿美酒；还有些地方却执着于冬酿，酿酒之日必极其庄重，仅那么几天，酿制的数量又那么稀缺，卖完了，只能等待来年。

联想到执迷于产量而大批量生产导致同质化严重的白酒行业，传统地域酒对土地、气候、原料特有的执着，令人心生敬意。

然而，我一直不解的是，既然这种地域风土至今有所传承，百年前便已存在的“南酒”概念为何到了现在，几乎已经无人提及，很多人甚至未曾听闻。经过大量的考证，今天我想为南酒正名。

有关南酒与北酒的争论，至今仍然莫衷一是。有学者认为，南酒指的是江南一带产的黄酒，它是为了区别于北方酿造的白酒；也有学者认为南酒为江浙一带生产的黄酒，但却提出北酒并非白酒，而是产于北方的各种黄酒；还有学者认为，北酒一开始是黄酒，但后来由于北方黄酒产量减少，北方人普遍接受了白酒，于是时至“民国”大家普遍接受北酒为白酒。

无论北酒是白酒抑或是黄酒，这些观念普遍将南酒统一认作是黄酒。这样的观念忽略了“民国”年间江南产的高度白酒，而这些南方产白酒，与北方白酒有着严格意义的区分。因此在我看来，北酒与南酒，无论是在地域，还是在酒种方面，都应该具备更大的包容性。我更倾向于以地域特色进行两大类酒之间的划分。

江南的黄酒以糯米为原料，沁甜柔美。

北方的黄酒以黍米为原料，苦焦粗犷。

北酒之黄酒，有着黍米之焦苦。台静农先生曾写道：“这酒却是苦焦味，而亦不失其应有的甜与辣味……我所喜欢的，还是苦老酒，可也不因为它的苦味与黑色，而是喜欢它的乡土风味。”

南酒之黄酒，有着糯米之沁甜。上等的黄酒色如琥珀，一如江南女子的温婉、绵甜、柔美。绍兴黄酒、江苏丹阳、赣北封缸、福建沉缸，均是难得的黄酒佳酿。

北酒之白酒，凛冽够劲。它们用北方的高粱和大曲，酿出了烈性十足的二锅头、高粱烧。一首《九月九的酒》唱出了很多人对北方高粱酒的记忆，这是北方的爷爷们喝的酒。

南酒之白酒，甘甜沁润。它们用南方的大米和小曲，酿出了小曲米香型的白酒。不仅如此，有些地方的酿酒人还会使用糯米、稻谷取代大米配合江南传统的小曲（也叫药曲）酿出老一辈人耳熟能详的糯烧、谷烧。这些既具备传统风味，又具备地方风味的南酒，是南方的爷爷们喝的酒。

北方的爷爷们喝着“苦焦乡土”的黍米黄酒、凛冽性烈的高粱烧，南方的爷爷们喝着沁甜温润的糯米黄酒、蜜香沁脾的小曲酒，这便是南、北酒的地域之别。然而，正如北酒中黄酒一脉的没落（北方黍米黄酒除少数酒厂还在坚持外，几乎已消失殆尽），南酒中同样存在着小曲白酒的落寞。纵观如今的中国酒业，以高粱、大曲为原料生产的酒占市场主流，以大米、小曲为原料的酒在边缘游离，生产这些酒的酒厂更是寥寥无几。

南酒的失落，是中国酒地域文化消失的表现。失落的不仅是酒种，甚至连“南酒”“北酒”的说法也已消失。倘有人提及“南酒”，估计大多数听者都会感到茫然。

那些我们的爷爷曾经喝的酒，应是没有几人还能记得了。

酒器掠影
——不容忘却的日军侵华史

一只工艺精湛的酒杯里，
又盛载了多少人的血泪。

藏品中，有不少关于日本的酒文化器物——与酒有关的明信片、酒杯、酒瓶，乃至开酒器。这些器物大都产于“民国”时期，应是侵华期间随着日军足迹传入中国。今天的故事，便从这些与日本有关的老器物开始。

老明信片里的日军侵华影像

从1937年至1945年，伴随日本侵略军入华的，是大量扬威耀武、鼓吹战争的明信片。战争的扩大化使明信片的内容随着侵华地点的变化而变化，随军的日本画家用自己的笔触描绘了部队所到之处的自然景致、风土人情——其中不少明信片上绘制了我的故乡江西的风景，更有一些明信片，记录了日军喝酒的欢欣场景。这些明信片，由侵华队伍中思乡想家的日本士兵寄回家中。

每每目光拂过这一系列明信片时，我的心情极为复杂：这一封封背后满是日文的家书，同样记录的是亲情与思念，但这样的书写背后却满是罪恶与血腥。而当时日军每每群聚畅饮，便是中华大地百孔千疮、满目疮痍之时。

酒杯中的日本文化

我的收藏品中有一枚精致的日本酒杯，酒杯背面是精致的雏图案，杯中绘有人物头像，内有一个大大的“金”字。酒杯特别之处在于杯缘处有一小孔，将嘴巴靠近小孔，稍稍用力便可吹出

一张张记录了历史的明信片。

作者收藏的日本酒杯。

清脆的音调。这枚酒杯，许是被当时的日本士兵带到中国，而从它那杯缘的小孔里曾经吹响的也许是这名士兵熟悉的家乡歌谣，盛满的则是士兵对家乡的想念。在思念故土这一点上，中、日之间并无差别。

中国酒文化与日本酒文化有不少相似之处，也有很多不同的特点。

日本清酒缘起中国黄酒。二十世纪九十年代，日本酿酒专家花井四郎发表《日本清酒源于中国江南之我见》论文，针对日本清酒与中国黄酒在历史、工艺、色谱数据上的比较与考证，得出了日本清酒源自中国黄酒的结论。比起中国烈性的白酒，清酒甘醇温和，适合自饮，也适合三五好友于居酒屋稍坐小酌。中国人对于高度白酒的痴迷，在酒桌上拼酒斗胜，则似一场集体的狂欢。

中日之间酒文化的区别，远不止于此，从酒器上更可窥见其中的端倪。在中国，老祖宗传承下来的瓷杯、耳杯，现如今早已弃之不用，取而代之的是玻璃杯。究其深层次原因，玻璃瓶透明可见，狂饮之时，互相可比较喝酒多少，一杯白酒下肚，考验人情、试探人心。而日本的清酒器具历经传承形成其风格：瓷质温暖、优雅淡然，它与清酒一道，成为日本酒文化的标志性符号。

将酒杯随身携带的这名日本士兵，必是

留恋故土，好似我国古时远征战场的将士，会随身带着一捧家乡的泥土。然而，这样一只迄今看来仍显工艺精湛的酒杯里，又盛载了多少中国人的血泪？

开酒器里日本禅道的血光史

当酒与一段不堪回首的历史相连，话题也多少变得沉重。而一枚小小的开酒器（下图），则记录了日本禅佛与军国同谋的历史。

这枚长十一厘米，前宽后窄，呈棒槌状的开酒器，历经数十年的磨砺，原有的红铜材质已有了几分历史的沉重。

开酒器一面刻有“永平寺”（日本禅宗曹洞宗的发祥地，唐代道元禅师从中国修得禅宗精髓，回日本永平寺创办曹洞宗），上端则是日本国花樱花图案；另一面有一个大大的“喝”字，字的下方是道元禅师的偈语，意为“像磨杵一样磨掉自己、为他人尽力的人是值得尊敬的”。将道元禅师这句名言刻在开酒器上并随之带上战场，这是否有着“牺牲小我”的心理暗示？

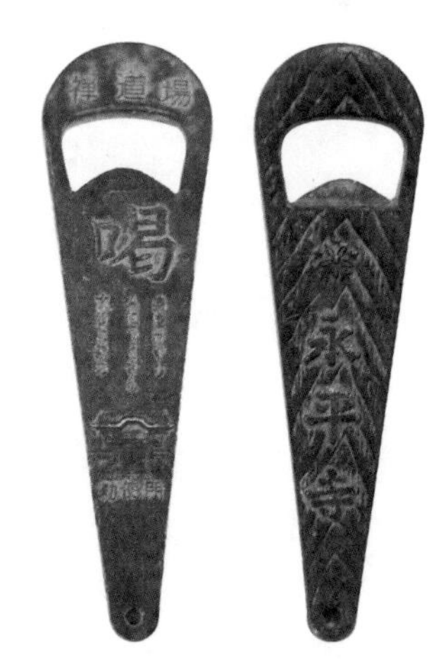

作者珍藏的开酒器。

我们不能以中土佛戒去猜想为何日本寺院会与酒联系到一起。日本禅佛更接近唐代风尚：僧人可以饮酒，怀素便是一例。不仅如此，因教派的不同，日本的僧侣在饮食、婚娶上更为自由。

这样一枚握不盈手的器物，却在特定的历史环境中，成为

“伪满”时期日本僧人的日常用品。它记录了日本禅宗自产生那天开始便与幕府政权割舍不断的关系。所谓平常心是禅，所谓搬柴运水皆为佛事，所谓不立文字见性成法，所谓生为梦幻、死为常往，最后却恰恰契合了武士道的无畏。永平寺的曹洞宗在特殊的时期从此成为武士的宗教。

日本禅佛与战事的联手，到了 1937 年，与中国有了关联。唐时道元禅师远渡中国，拜高僧如净为师学习禅法，并回国创办了曹洞宗。千余年后，福井越前的永平寺僧人列队在敕使门前的广场上持枪操练，他们也同祖师道元一样，将东渡中土。但这一次，他们带去的却不是虔诚的参道之心，而是武士之器。在这样的背景下，永平寺不再是禅宗道场，它的武装僧侣与日本的军国主义共同进入到中国，试图借以宗教的“感化”对当时的“伪满洲国”普通百姓加以精神的奴化与殖民文化教育。

而就是这样一枚开酒器，见证了这段禅道的阴暗历史，它斑驳的启齿上，依然存留着清酒的芬芳与历史的血腥之气。

历史之器，不容忘却的纪念

从侵华时寄往日本的明信片到随身携带的日本酒杯，再到日本侵华僧侣使用的开酒器，这些与酒有关的器物，散发的是文化与历史的信号。如今的 80 后、90 后对日本文化的印象大都是“工匠精神”“极致文化”“禅茶素雅”，然而，当我每每在展厅中看到历史为我们留下的这些器物，我的眼前却总似看到一群群的日本士兵，他们中有训练有素的军人，也有巧立名目的僧侣，更有思乡心切的普通人，他们带着酒杯、开酒器，跟在坦克履带之后，踏上中国这片土地……

新中国成立后的
中国酒业与中国评酒会

从一穷二白，到逐渐振兴。

从“民国”、抗战时期到新中国成立，历史的步履渐渐不再那么沉重。自新中国成立开始，在一穷二白的基础上，中国的酒业逐渐发展。1952 年至 1989 年的五届全国评酒会，便见证了这一段发展振兴之路。评酒会评选出的名酒名单，成为老酒收藏者必知的基本常识。而这些名酒，亦是收藏界的香饽饽，有些甚至因为市场稀缺一酒难求。

顺着全国评酒会的发展脉络，让我来谈谈在不同时间段，中国酒圈里都发生了哪些大事。这其中，将穿插讲述酒行业里某些特殊的时代产物，顺便说道说道与评酒会有关的小道消息。

“民国”时期，中国酿酒业一度衰弱。当时兵祸灾荒不断，粮食出现短缺，直接影响到酿酒行业的发展，许多酒厂在这样风雨飘摇的年代濒临破产或是解散。

战争期间，我国民族工业受尽战争磨难。战争结束后，国内的大小酒厂酒坊终于迎来了复兴的春天。

第一届评酒会：
什么叫一穷二白，看看这些数据就知道了

历史书上常见的“新中国成立，民族工业一穷二白、百废待兴”，在如今看来，已成往事。然而，一穷二白的状态体现在酒业，则光看以下的史实便可说明：

晋裕汾酒公司，1936 年产酒 40000 千克，且汾酒在市场上售价最高；抗战时期，酒厂被日军抢掠一空。抗战后，从废墟中再度开始。

茅台酒厂，新中国成立初期，只有员工几十名。

五粮液酒厂，新中国成立初期还只是家族传承的糟房。1952 年的第一届全国评酒会上，还未见五粮液身影（宜宾五粮液酒厂正式得名则是在 1959 年）。

第一届全国评酒会于 1952 年举办时，整个中国的白酒产量不过十余万吨。对比 2017 年全国白酒 1198.1 万千升（约合 1000 万吨）的数据，当时的酒业状况可见一斑。

为振兴酒业发展，举办第一届全国评酒会意义重大。由于当时财税部门管理酒类专卖，将产销结合并由专卖机构直接管辖，而行使最高职权的则是华北酒类专卖公司（后并入中国专卖事业公司）。因此，第一届评酒会上的酒样，由各地区酒的专卖干部带到华北酒类专卖公司，在“总部”进行评选。

由于是首次评选，条件和经验均有限，在评酒上还没有产品标准和评选体系，因此第一届评酒会的评选依据变成了：(1) 品德优良；(2) 在国内获得好评并为全国大部分人所欢迎；(3) 历史悠久且在全国有销售市场；(4) 制造方法特殊、具有地方特色。

第一届全国评酒会上的获奖名酒。

当时各烟酒公司的商标。

如前面提到的，当时整个中国的酿酒工业仍然在恢复中，因此，除了少数的由政府接管的企业，大部分酒企仍然是私营作坊。私营作坊想要“在全国获得好评并为全国大部分人所欢迎、在全国有销售市场”，这几乎是不可能完成的任务。因此，这样的评选标准把绝大多数的酒拒在了门外。

最后，会上评出中国八大名酒。其中白酒类四种，分别为山西汾酒、贵州茅台、四川泸州老窖特曲以及陕西西凤酒；其他酒类名酒为绍兴黄酒、烟台张裕红玫瑰葡萄酒、金奖白兰地以及味美思。

第二届评酒会：屈居第五的茅台

从 1953 年开始，中国酒业的权利归属发生了变化，专卖局被取消，酒业的产销分开，生产划归轻工部（1955 年地方工业部合并到轻工部），销售划归商业部；而此时，酒的专卖，即是国营商业对糖、烟、酒三类物资的包销形式。各地成立了一大批糖业烟酒公司，这些公司隶属商业部，是当时中国计划经济的产物。

1963 年，全国第二届评酒会在北京召开，此时酒样的选送则由轻工厅、商业厅共同签封。时隔十年，这届评酒会才真正称得上是严格意义的全国评酒会。在这次评酒会上，第一次制定了评酒的规则，评酒委员根据酒的色、香、味按照百分制打分写评语。最后获得中国名酒的白酒依次为：五粮液、古井贡酒、泸州老窖酒、全兴大曲、茅台酒、西凤酒、汾酒、董酒。

这样的排名方式多少让人觉得有些匪夷所思，事实上，第二届评酒会的评比标准非常主观，在当时的历史条件下，大家都认为香气越大的酒越好，因此，浓香型的酒占据绝对优势（八大名酒中占了四席，而且这四席名列前茅）。这导致茅台只能“屈居”第五，而汾酒则被排挤到了第七。

客观来说，当时的评酒师要在 196 种各类酒的酒样里区分优劣，让他们大口喝酒是不现实的，评委们更多的是“看色、闻香、浅品”，在这些主观评判中，闻香便成了主要依据。因为这些客观原因，以致香气大的酒得分高，而清香、酱香型酒则不占优势。

专业评酒师浅尝辄止、闻香观色；而消费者则大口喝酒、深饮大品；场景不同、饮用量不同，得出的结果也会有所不同。这也许正是为什么很多专家认同的好酒并不一定会被消费者看好的原因。

酒与历史的回忆

提到中国酒业发展，不可回避的一段历史便是“文革”。

1965 年 6 月 25 日，安徽省轻工厅下文，决定从 1966 年 1 月 10 日开始，将古井贡酒改名为古井酒。1967 年，古井贡酒禁销，数十万套古井贡商标一举被焚，“贡”字被戴上“四旧”的帽子，其简易的新商标“古井酒”开始广泛使用。与此同时，汾酒厂生产的汾酒、竹叶青酒，大量启用“四新”牌注册商标。

“文革”时期曲香白酒。

古井贡和汾酒在“文革”期间的经历诠释了“破四旧、立四新”的精髓。当然，留下烙印的远远不止这两个品牌，茅台的“飞天牌”同样因为有封建嫌疑而被改为“葵花牌”，寓意“朵朵葵花心向党”；五粮液酒采用了“红旗牌”注册商标；董酒则更名“红城牌”，商标图案是一把红色火炬。全国各地的酒都开始有了红色文化的印记。

大批专卖公司职工被下放农村，酒业此时处于无人监管的状态。有些公社、生产队、农场、机关、团体、学校、企事业单位均自办酒厂，自由经营。这些小酒厂往往粗制滥造、浪费粮食，酿出的酒口感并不好。除了一些名酒大厂外，此时大多数小厂生产的白酒往往质量堪忧。

八九十年代的中国名酒，又名“老八大名酒”，依次为全兴大曲、泸州老窖酒、茅台酒、古井贡酒、汾酒、五粮液、西凤酒、董酒。

第三届评酒会

当“文革”结束后，中国的酿酒业在阵痛后看到了希望。1979 年，第三届全国评酒会在大连召开。由于第二届全国评酒会上多种香味白酒混评最终带来不公的结果，这一次评酒会上第一次按香型进行酒类评比。

香型的诞生，是为了评酒会评选方便。酒的原料、工艺、储存等因素导致不同地域、不同品牌的酒会产生不同风格，各种酒之间便失去了可比性。将白酒风格大略分为几个类别，这样可以避免各种风格不同的酒相遇的场面。有了香型，酒厂申报的时候心里有数，评委评比时也有了依据。

然而，越来越专业的评酒会上仍然出了乌龙事件。老牌名酒西凤酒便因为没有把握好游戏规则，在选报香型的时候“投错了娘胎”，上报了“清香型”组，结果被淘汰；本属于典型浓香型白酒的全兴大曲竟然上报的是“清香型”，追究下来才知道，四川人对“馨”与“清”二字的字音分辨不清，将“馨浓香型”听成了“清香型”，从而在该次评酒会上与名酒称号失之交臂。

在这次评酒会上，由 22 位评审组成的白酒评酒团按色、香、味、风格四个方面品评名酒，最终评出中国八大名酒：茅台、汾酒、泸州老窖特曲酒、五粮液、古井贡酒、董酒、剑南春、洋河大曲酒。

第三届评酒会后，中国的白酒业进入了市场经济时代，一时间，白酒市场风起云涌，各厂家为了求生存发展、增进销量都铆足了劲。

第四届全国评酒会

1984 年，在山西召开了第四次全国评酒会的白酒评酒会，当时从 148 种酒样中评选出全国名酒 13 种、优质酒 27 种，西凤、全兴大曲一雪前耻，重新荣登名酒宝座。相比第三次评酒会，中国名酒多出双沟大曲、黄鹤楼酒、郎酒。

值得一提的是，从 1984 年开始，白酒行业出现向优质化、低度化、多品种化、低消耗化方向发展的趋势，这种酒类产业结构改革发展至今，仍然有着强劲的生命力。此外，在本届评酒会上，新增了凤香、豉香型（以广东玉冰烧为代表）等香型，多种香型并存，中国酒业呈现出百花齐放的格局。

八十年代的文君酒。文君酒曾因屈居银奖而退出第五届全国评酒会比赛。

从此再无全国评酒会

1989年，第五届全国评酒会在万众期待中于安徽省隆重开幕，这次评酒会是迄今为止举办的最后一次全国性的评酒会，参赛的样品酒有362种，其中，浓香型198种、酱香型43种、清香型41种、米香型16种、其他香型64种，为历次评酒会之最。评酒会最后共决出金质奖17枚（又称十七大名酒），银质奖53枚（又称五十三国优）。对比上届评酒会，本次评酒会新增的中国名酒有武陵酒、宝丰酒、沱牌曲酒、宋河粮液。

举办了五届的全国评酒会，成为国内名酒标杆比拼的顶级赛事。在市场经济的驱动下，所有的酒厂深知，一旦能获得国家级奖牌，不仅知名度提升了，酒的价格也会倍增。于是全国评酒会评比开始有了水分，有些酒样送选时非常优质，是为了参加评选刻意酿出的，市场上根本没有销售。因此，评酒会的公正性受到广泛质疑。在第五届评酒会上，文君酒因为屈居银奖，怒而退出比赛，在当时引起轩然大波。

名酒越评越多，来自外界的干扰越来越大，参评样品与市场流通产品差距甚远，最后国家毅然决定停办全国评酒会，从此，第五届评酒会成为绝唱。

市场经济，让一切变了味；拷问人心，不足以支撑起评酒会的客观价值。

从收藏的角度而言，这五届全国评酒会，成为老酒收藏绝佳的参考标准，在这五次评酒会上评选出来的中国名酒、优质酒，成为藏家心目中公认的值得收藏的好酒。以第五届评酒会选出的“五十三国优酒”收藏为例，其收藏价值和受欢迎程度丝毫不会逊色于同年份的中国名酒。

摊晾

入门

老酒入门知多少？

了解酒的定义、了解近代酒业发展的历史脉络。这一章，让我带您入门老酒收藏。在很多人眼里，老酒仅仅是一瓶“很贵”的酒；而在我的眼里，老酒是故事、是历史、是风土。不仅如此，当这瓶老酒不仅有可以证其渊源的更早的历史实物，更有“子孙后代”时——上可追溯百年，下可延伸至今——这一个片段，便变成了完整的传承。

这才是收藏真正的价值。

不懂老酒定义，何来收藏之说？

老酒收藏，根本在于酒的历史与文化。

日占时期张裕酒

早在殷商时期，殷人便开始学会贮藏“陈年老酒”。老酒越陈越香，从专业角度上解释，这是因为，白酒的主要成分是乙醇，陈年老酒经过封存放置，生成的乙酸乙酯越多，酒也就越具备特有的酒香气。什么才是真正的老酒呢？这是入门老酒收藏首先要弄清楚的。

这几年，有关“老酒收藏”的话题屡屡见诸报端。报纸上、电视里，国内的老酒藏家们面对媒体大众侃侃而谈：老酒的品相、老酒的保存、老酒的系列收藏……

然而，迄今为止，有关“老酒”的定义却一直未能理清。曾经有一位读者给我发来消息，希望我能帮他鉴别图中的这瓶老酒是否有收藏价值，于是成就了我写这篇文章的契机。

图片中的这些自封为“老酒”的酒在网上大量有卖，它们或长霉发毛，或脏污不堪，或满身泥土。然而，这些“老酒”的卖价却出奇的便宜，往往一斤酒才20元—30元。稍稍有些酒常识的人都会知道，这个价格是根本买不到好酒的。

想要入门老酒收藏，又不被不良商家蒙骗，得从了解什么是真正的老酒开始。

有关老酒，知名百科的定义有失偏颇

网络查询老酒二字，可见来自知名百科的释义：“存放时间较长的酒统称老酒，泛指所有经过陈年的佳酿，包括白酒、红酒、黄酒、葡萄酒、甜酒、威士忌、白兰地、琴酒、伏特加等。由于啤酒保质期过短，而通常老酒是5年以上属于最佳饮用期，所以啤酒一般没有老酒的概念。”这种针对老酒的定义是有失偏颇的。以下我便从分析该定义出发，谈谈收藏概念中，什么才是真正的老酒。

七十年代中国名酒，依次为董酒、西凤、五粮液、古井贡、泸州老窖特曲、茅台、汾酒、洋河大曲。

老酒与老基酒概念的区分，是收藏老酒入门常识

首先，“存放时间较长的酒统称老酒，泛指所有经过陈年的佳酿”，这部分定义仅仅从存放时间出发，将所有存放时间较长的酒都称为老酒，言下之意，已包装的瓶装酒、未进行包装的散装酒都可以纳入老酒的范畴。

这种归纳本无对错，但有较大的误导性：稍有收藏知识的朋友都知道，瓶装酒的年份，略有经验之人便可从瓶型、工艺、酒标、文字信息等方面推断一二，这也正是老酒收藏之乐趣所在；相比之下，那些存放时间长的散装酒，除了七十年代中国名酒（董酒、西凤、五粮液、古井贡、泸州老窖特曲、茅台、汾酒、洋河大曲）以外，没有时代留下的痕迹，光凭卖家的一面之词是难以令人信服的。所以，为了规范老酒收藏的范畴且不至于误导入门收藏的朋友，我认为，从收藏的角度而言，只有瓶装的老酒

厂家出的茅台“三十年”年份酒（图左）与三十年前出厂的“地方国营”老茅台（图右），哪一个才算得上是真正意义上的老酒？

方能称得上是老酒。至于那些在拍卖会上动辄拍出百万、千万元的酒厂老原浆，为了概念上的区分之便，我认为称之为“老基酒”则更加合适。

厂家推出的收藏年份酒，算不上老酒

值得一提的是，由于老百姓对于收藏老酒的关注度日益提升，时下不少酒厂乘着这一东风，推出各种“收藏级年份酒、收藏级老酒”，于是市场上各种“十年窖藏”“二十年窖藏”的收藏类白酒不断地刷新着老百姓对老酒的认知。这种类型的酒，亦是我被咨询得最多的品类。这些所谓的收藏级年份酒，从根本上而言，是新酒。对于老酒藏家来说，这些酒无法与真正的收藏老酒相提并论。试想，一瓶 2016 年出厂的、标记着“三十年原浆”的茅台酒与一瓶 1986 年生产的、附带着三十年前的痕迹、其瓶标封口都曾经是酒厂历史见证的老茅台，谁才称得上是真正意义的老酒?

茅台从 2000 年以后，每年都会储存五十吨成品酒，这种酒才是真正意义上的老酒。

图中的虎骨酒即为同仁堂药酒厂产品。

六十年代产的啤酒尽管丧失了饮用价值，但仍然有文化收藏价值。

老酒收藏类别，绝非白酒、红酒、黄酒那么简单

其次，从老酒收藏的类别来谈，前文中提到的某百科将陈年佳酿的类别归于“白酒、红酒、黄酒、葡萄酒、甜酒、威士忌、白兰地、琴酒、伏特加”，这样归类，站在国际的角度上看无可厚非。然而，中国酒的分类绝非白酒、红酒、黄酒那么简单，**老酒收藏的入门更应该从了解中国酒的类别出发，才能确定方向。**

中华美酒，种类繁多，大略可分为：白酒、黄酒、露酒、果酒（包括上述定义中的红酒、葡萄酒）、药酒、其他特色酒。以药酒为例，二十世纪九十年代初之前生产的药酒、知名品牌同仁堂虎骨酒，其配方源自清代太医院秘方，如此一来，除去它壮筋骨、祛风湿的功效了得，更因历史文化的传承而使它有了皇族贵气，这种酒，从收藏角度而言，不仅是老酒，更是万金难求的稀缺品。

陈年啤酒是不是老酒？我想，答案是肯定的。陈年啤酒度数低，历经年月，早已失去了饮用价值。然而，老酒的诸多价值

中，饮用价值只是其中的一个方面，它还有历史文化价值。一瓶二十世纪六十年代产的啤酒，同样是值得珍藏的历史纪念。

老酒收藏，时间储存决定了老酒价值

此外，该百科的定义未能规范老酒的年份。“存放时间较长”“经过陈年的佳酿”均是概念模糊。

到底多少年前生产的酒才能称得上是老酒呢？

我曾在第二届中国老酒收藏研讨会上，提出我的观点——曾经，很多人都认为，只有九十年代中期以前出产的酒才被认为是老酒。然而，随着时间流逝，如今2000年左右生产的酒也因时间久远而一酒难求。不仅如此，近年来，随着大家对老酒认知的普及，老酒的年份界限越来越模糊：市场上三年前生产的茅台酒也作为酒龄酒（即有年份的老酒）进行出售。收藏老酒的人都知道，2016年、2017年、2018年的茅台酒，价格均有所不同，这便是根据年份对酒进行定价。

不同年份的茅台，定价也不同，相比较2018年的茅台，2014年的茅台价格有了较大幅度的提高。

要想给老酒的年份做一个界定，绝不是一件容易的事情。目前大部分的藏家较为认同的是：**真正的老酒，需要有10年—15年以上的酒龄。酒龄不足10年的酒，还称不上老酒，称其为“次新酒”比较合适。**

当然，从文化收藏角度出发，真正有收藏价值与收藏意义的老酒，应是在九十年代中期前生产出厂的酒。不过，因为市场稀缺，有些知名品牌在九十年代末生产的高端产品同样具备较高的收藏价值。

收藏老酒不可不知的基本要点

首先，老酒指的是早期生产出厂的瓶装酒。

正如前文所说，目前市场尚未对老酒的年份进行界定，但通常意义来说，至少十年前生产的纯粮酒才称得上有老酒基因。而真正有文化收藏价值的老酒，则应是在九十年代中期前生产出厂。

二十世纪七十、八十、九十年代的五粮液老酒。

其次，老酒应保留原瓶、原装、原标——有真实的年份记录。

真正的老酒，必须有真实的年份记录。一瓶生产于 2018 年的标有“三十年”的酒，它的真实年份记录是 2018 年，因此算不上是老酒。

以一瓶 1979 年的五粮液为例，它的真实年份记录是 1979 年，不仅如此，它保留了原瓶、原装、原标的状态——原瓶指的是该瓶为七十年代生产的玻璃瓶；原装指的是在近四十年前，酒厂工人便将酒进行了包装与封口；原标则指的是，酒的酒标亦在七十年代出厂时便已粘在酒瓶之上。这一瓶七十年代生产、包装、封口、贴标的酒历经岁月流转，留存至今，成为真正意义的老酒。

再次，老酒收藏，根本在于酒的历史与文化。

一瓶老酒，可以被认定为“收藏级别”，那么它一定具备历史与文化的双重属性。老酒收藏，是一种文化的回归。只有附着文化与历史记忆的酒，才能称得上是严格意义的收藏界认可的老酒。为了与市场上各种混乱的老酒概念相区分，我以“收藏老酒”称之。以新瓶装老酒，或者用老瓶重新进行包封、重新贴标，在藏界都视为造假，算不上是严格意义的收藏老酒（可见后文）。真正的收藏老酒，应保持其外观、内在的完整与一致，它的酒体、酒瓶、酒盖、酒标，甚至酒的封膜都是时代的缩影。

最后，请容许我站在文化的角度，给老酒一个定义：**老酒，是带有愉悦的陈味、附着历史记忆、有真实年份记录、具备投资属性的一种不可再生的文化资源。**

老酒能喝吗？

老酒能不能喝，取决于酒的生产原料、工艺和保存方式。

老酒之老，体现在香味口感的传统特性，它们陈味持久、酒香优雅、舒适协调，具备当时的酒的品质特征，更具备地域特色。相比之下，同品牌的新品酒明显陈味不足，更多地代表了现代派大一统的风格。

优质老酒，不仅能喝，而且好喝。

在某一次与读者的聚会上，有一位读者问我这个问题：“老酒能喝吗？”

我曾无数次就“老酒的价值属性”“老酒的收藏属性”“老酒的文化特色、地域传承”侃侃而谈，却在这位读者问我这个问题时，第一次意识到，这样一个“老酒能不能喝”的根本问题，竟然还没有得到普遍的认知。

上篇文章中，我谈到老酒的定义：早期生产、原瓶原装的酒都可以被称作老酒。其中，具备文化收藏价值的老酒应以九十年代中期以前的酒为主。

既然老酒的范畴如此之广，是否这些老酒都具备饮用价值？答案显然是否定的。以下这些老酒，尽量不要直接饮用。

低度白酒，往往失去直接饮用的价值

45度以下的白酒，通常历经岁月贮存，酒中的其他成分很容易随着时间推移而发生变化，有些更会产生酸味或水解。这样的白酒，建议不要直接饮用。

不过低度酒并非完全没有价值，一些优质的低度老酒仍然保留了岁月的陈味，它可以跟高度的白酒兑着喝，别有一番风味。老酒界流行将陈年低度郎酒与高度的新郎酒调在一起喝，便是一证。

“跑酒”的老酒，饮用价值不高

历经岁月储存，酒瓶里面的酒一年比一年少了，我们将这种现象称为“跑酒”。“跑酒”往往是酒精挥发的结果。因此，一些“跑酒”严重的酒，往往容易出现酯类物质水解并导致口味寡淡，失去白酒固有的特性。这种类型的老酒，饮用价值也不高。

低度的陈年特色美酒，分情况饮用

中国的特色美酒往往度数非常低，如有些黄酒的度数仅 10 余度，这些低度的特色酒经过数十年的存放，容易滋生细菌或霉变，通常不建议饮用。然而，有些低度陈年特色酒，倘若保存完好、酒精度不降，色泽会更加深厚，口感也会更加醇厚，是不错的饮品（饮用需注意过滤酒中沉淀）。值得一提的是，度数较高的特色美酒，如竹叶青、虎骨酒等配置酒，经过长时间的贮存，仍然具备较高的饮用价值。

酒精勾兑的老酒，饮用价值不高

早年生产的新工艺（酒精勾兑）酒、低端酒类产品，即使收藏十数年，仍然不具备太大的饮用价值。这种新工艺的老酒如今充斥市场，消费者往往花费不少金钱购买，却发现它们严重变味，不仅没有产生愉悦的陈味，甚至连主体香型都找不到。

年份过长、保存不当的老酒，饮用价值不高

年份过长、保存不当的老酒，须谨慎饮用。一些 40 年以上且未能妥善保存的老酒，往往陈味过重，由于年代过于久远，而口感欠佳。

一些酒厂会将这些年份长的老酒作为陈味调

我国各地生产的竹叶青酒，以山西杏花村汾酒厂生产的竹叶青酒最为知名。图为七十年代“四新牌”竹叶青酒。

味酒，经过有经验的调酒师之手，以酒调酒，让酒生发出特有的陈香。此外，这些老酒还是收藏市场上的稀缺资源，它们的文化收藏价值远远超出了饮用价值，喝了是暴殄天物，因此我个人建议不要直接饮用。

陈香之酒可以饮用，前提是优质高度酒

古话说得好，酒是陈的香。但陈香之酒，是有前提的——**有饮用价值的老酒，往往是传统粮食、传统工艺、固态发酵、保存较好的高度酒。**

酒的主要成分是乙醇，优质陈年老酒经过封存放置，乙醇和酒中较少的乙酸发生反应而生成乙酸乙酯，这种岁月生成的乙酸乙酯是酒散发芳香气味的根本源泉。优质酒贮存时间越长，生成的乙酸乙酯越多，酒便越具备特有的陈香。

相比之下，新酒中自然生成的乙酸乙酯含量微乎其微，其中的醛与酸不仅没有香味，反而会刺激饮用者的喉咙。如此一来，一些新酿的酒不仅喝起来没有老酒特有的陈香醇厚口感，反而生、涩、苦、辣。这种老酒与新酒在口感上的对比，使得喝过老酒的人，往往再难习惯新酒的味道。

我曾举办过一次“同品牌新老酒对比”品鉴会，并力邀数位国家级白酒评委参与。通过对中国十七大名酒的新老酒品鉴，大家得出了近乎一致的结论：老酒之老，体现在香味口感的传统特性，它们陈味持久、酒香优雅、舒适协调，具备当时的酒的品质特征，更具备地域特色，相比之下，同品牌的新品酒，明显陈味不足，更多地代表了现代派大一统的风格。

所以，优质老酒，不仅能喝，而且好喝！

有关老酒保质期的权威论证

品质优秀、保存完美的老酒，
只有适饮期，没有保质期。

有关白酒保质期的说法，通常有几派主流的观点：一、白酒没有保质期；二、白酒有保质期，通常不能超过五年；三、瓶装白酒有保质期、缸储白酒没有保质期；四、低度酒有保质期。针对这些不同的观点，今天我们来认真谈谈老酒（尤其是白酒）的保质期问题。

保质期是个法律概念

遍查老书，均未能找到有关“保质期”的说法。到了八十年代，国内大小期刊开始出现“保质期”的说法，因此，保质期应该是近几十年的事。

保质期的存在，是为了告诉消费者产品品质可以得到保证的期限。超过保质期的产品，商家则不提供保质服务，也不允许销售。然而，这并不意味着超过保质期的商品一定会变质。

曾经有关保质期的国家标准有一句话：“在保质期内，产品完全适用销售……超过此期限，在一定时间内，预包装食品可能仍然可以食用。”

不过，这句话因为有争议，最终被删除了。所以说，标注保质期的最终目的，是为了裁定生产厂家对食品安全负责的界限，有些超过保质期的产品，可能也不一定会变质。

七十年代宣传画，彼时的酒还没有标注保质期。

二十世纪九十年代的竹叶青，可见保质期信息。

酒到底有没有保质期？

人们通常认为酒越陈越香。理论上来说，一瓶高度的酒，在保存环境良好、不跑酒漏酒的情况下，是可以永久保存的。因此，酒尤其是高度酒都没有保质期。

相比之下，二十世纪八十、九十年代生产的黄酒、药酒，酒瓶上倒是屡屡见到“保质期”的身影。不仅如此，汾酒厂知名产品“白玉汾”“竹叶青”上也同样标有保质期 60 个月。不过，这并不意味着 60 个月保证期的竹叶青酒，超过了 5 年便没有饮用价值，在老酒界，二三十年历史的陈年竹叶青绝对是难得的美酒佳酿。正如前文所言，保证期的存在，是为了告诉消费者产品品质可以得到保证的期限，但这并不意味着超过保质期的商品一定会变质。

为什么现在白酒都不标保质期?

2006年10月1号开始，10度以上的饮用酒可以不用标注保质期，这涉及几乎所有的酒类。这个标准是根据国际上通用的标准 CODEX 标准制定的，是国际惯例。

理论上来讲，酒精度在10度以上的正规酒类，都是可以长期存放的，微生物在10度的酒精溶液里无法生长繁殖。酒精本来就是杀菌的，具备一定的防腐功能。

然而，即便如此，还是有很多酒依然坚持标注保质期，如红酒以及一些保健酒。35度的劲酒，保质期为1095天；而12度的国产张裕干红标注的保质期则为2920天。

事实上，优质的葡萄酒通常都有8年—10年的保质期，顶级的葡萄酒，口感巅峰期甚至可以持续20年—50年（如拉菲）。而谈到药酒等配置酒，我曾有幸品过八十年代的五加皮酒，由于该酒保存得当，不仅口感未受影响，功效也仍然不减。

说保质期，不如说适饮期

我们的邻国日本，对食品保质期规定非常严格，不仅如此，关于它们的食品标准还有一个新鲜的名词——赏味期，意思是，食物在这个期限内食用最为美味。超过了这个期限，虽然不会变质，但味道就没那么好了。

因此，我更赞同这种说法——**白酒是没有保质期的，但是优秀的白酒，还是有适饮期的。**陈年高度白酒的品质巅峰期应在15年到25年，时间太长，则会受到收藏环境等影响而品质发生变化（酱香型白酒适饮时间更长）。

老酒之所为被很多人误解为不能喝，是因为保存不当，酒瓶密封条件不好。时间长了，不仅酒液挥发，而且空气中的细菌进入酒液，在醋酸菌等多种细菌作用下，酒液发生了化学变化从而变酸变质。如果您喝到的老酒发酸、变淡，甚至发苦的话，那么这种变质的酒最好不要再喝。

除此之外，二十世纪九十年代末，国内酒精勾兑工艺泛滥，不仅勾兑食用酒精，更添加了香精、香料。这些低端白酒经过长时间储存，香精、香料无法达到稳定状态，酯会发生水解，最后酒的味道也发生了变化。这种类型的老酒，我也不建议饮用。

在保存环境好、酒品相完美的情况下，传统工艺、纯粮酿造的白酒越陈越香。新酒中通常含有醛和酸，对喉咙刺激大，让人感觉生、涩。而老酒中这些有刺激性的醛和酸则不断发生氧化、酯化，反而生成了让酒越发醇香的乙酸乙酯，所以不仅酒越发醇香，喝起来舒适度也更高。这种老酒与新酒在口感上的对比，使得喝过老酒的人，往往再难习惯新酒的味道。

简而言之，品质优秀、保存完美的老酒，只有适饮期，没有保质期。

陈年白酒都会变黄吗？

黄与不黄，并不是问题。

八十年代鸭溪窖酒

很多人收藏老酒，会以“酒色会不会发黄”作为评定老酒品质甚至真假的标准。酒色变黄，是一个非常复杂的过程。它与原料、酿造工艺、储存环境、储存时间及酒的香型都有紧密联系。

黄与不黄，对于不少不了解陈年白酒的朋友，还真算得上是个难题。我身边便有不少朋友，认定只有发黄的酒才是好酒，不仅如此，在他们看来，“发黄”更是老酒真假鉴定的标准。他们认为，一瓶老酒如果不发黄，那么这瓶酒一定是有问题的。

事实是否真是如此呢？

一瓶正常的酒，应该是什么颜色？

了解酒的正常颜色，先让我们看看国家规定的各种香型的感官标准，是什么样子：

（1）清香型（代表品牌：汾酒）：无色、清亮透明、无悬浮物、无沉淀

（2）酱香型（代表品牌：茅台、郎酒）：无色或微黄、清亮透明、无悬浮物、无沉淀

（3）浓香型（代表品牌：五粮液、泸州老窖）：无色或微黄、清亮透明、无悬浮物、无沉淀

（4）米香型（代表品牌：桂林三花酒）：无色、清亮透明、无悬浮物、无沉淀

中国白酒普遍认同的十二种香型，大部分香型的色泽标准均为“无色”，少部分香型会出现“无色或微黄”的感官指标。在所有的白酒香型标准中，都没有看到有一种香型的白酒写着“发黄”或“较黄”的感官标准。

因此，如果一瓶酒的色泽非常黄，那么从本质上来说，它是不符合国家规定的感官标准的。

无色透明曾是我们一贯的追求

查询历史不难得知，我们曾经一直在追求如何将酒变得清亮透明。古时的酿酒技术差，酒里有酒糟，因此又叫浊酒。当时的人们常以酒的清与浑作为区别酒的质量好坏的标准，清酒质量好，浑酒质量差。

到了近代，为了使酒变得清澈透明，酒厂技术人员更是想尽办法为酒脱色。

为什么有的酒色泽微黄呢？

从专业的角度来说，白酒变色主要有以下原因：一、生产所用原辅料皮壳中含有单宁、色素物质，导致酒在发酵生产过程中产生带色物质（如焦糖色素）。在蒸馏时这些有色成分被带到酒中，使酒带有微黄色。二、酒在贮存过程中，溶解在酒中的酚类物质由于氧化，也能使酒带上极微的色泽。三、白酒生产用水含有铁等阳离子，生产设备是碳钢制造，或是碳钢内壁涂层破裂，铁、锰等微量元素溶解进入酒中，生成金属离子，使酒变黄。

通俗来说，就是原料、工艺、储存过程中的一些特定元素，会使酒生而带有一定色泽。有些酒发黄，不仅不是正常现象，反而是需要得到技术处理的（如上述第三点提到的情况）。

老酒变黄的原理

酒色变黄，是一个非常复杂的过程。它与原料、酿造工艺、储存环境、储存时间及酒的香型都有紧密联系，特别与时间和储存有关。理论上来说，白酒在微生物的作用下，酒中的某些物质会发生显色反应，故而呈现出微黄色。而白酒贮存的时间越长，这种显色反应也会越明显，因此民间便有了老酒会越存越黄的说法。

从我收藏陈年酒的经验出发，酱香型白酒酿造出来略黄，经过时间储存越长，酒色会变得越来越黄。其次为兼香、浓香、特香。不同香型的酒，随着年份贮存，受到储存环境不同的影响，

七十年代金门酒厂所产金门高粱酒酒色仍然透明清亮，并未变黄。

变黄的程度也有所不同。有些清香型白酒，即使存放了数十年仍然是无色透明的。我所收藏的九十年代初的清香型白酒，尽管存世已有二十余年，但仍然“面不改色”，丝毫没有要变黄的迹象。我也曾开瓶品鉴过一瓶七十年代产的金门高粱酒，经世四十余年，酒色却仍清亮透明，喝起来口感极好，还有较明显的酱味。

同一年份生产的同品牌陈年白酒，变黄的程度也不一样。更有甚者，也会存在同一品牌、同一批次、出自同一箱的酒，变黄程度都不同的现象。

也正是因为很多人认为发黄的酒一定是好酒，而导致了一些不法商贩钻了这种思维的空子：为了迎合部分消费者对酒色的需求，很多酒厂采用一些人为手段使白酒变黄，然后再以“×× 陈酿”“×× 原浆”为名，将产品卖个高价。这种酒没有经过时间的贮存便有了明显的黄色，不明就里的消费者却往往混淆了评判标准，将它们误认作好酒。曾有酒厂专送其生产的洞藏酒给我品鉴，倒出一看，酒液黏稠，酒色颇黄，极不自然，传统工艺我不敢说，人为添加的嫌疑很重，据称该酒在市场上价格不菲。

遗憾的是，目前市场上并没有什么方法可以用来检测这种人为添加的黄。在发黄的老酒面前，往往拷问的是厂家的良心。倘若您有一天面对的是一瓶异常发黄的酒，建议您首先看看该厂家是否正规、是否具备一定的品牌知名度，再决定是否购买。

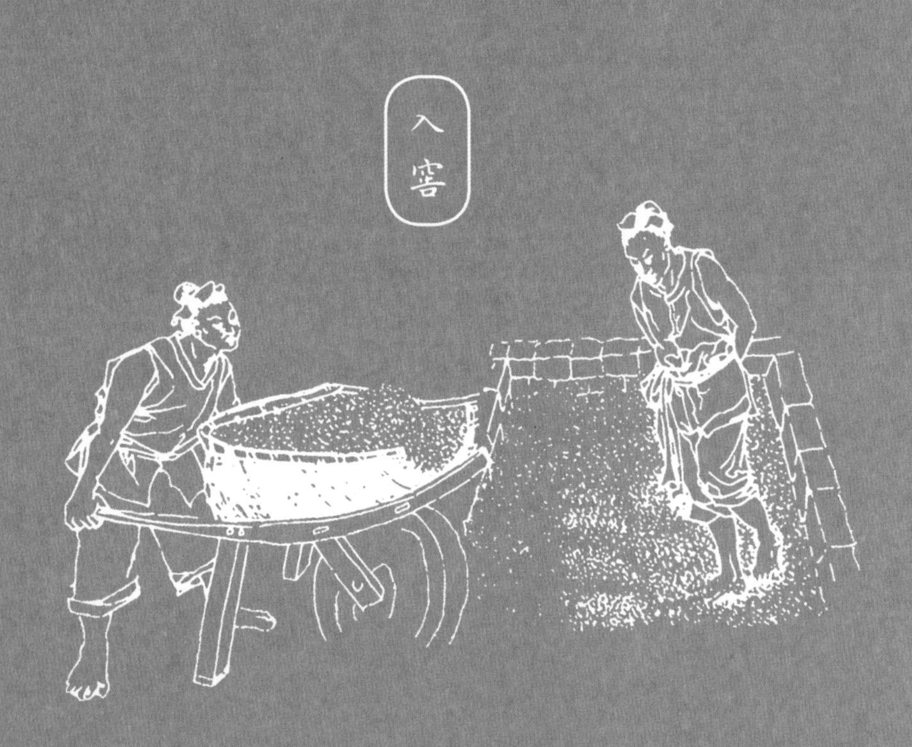
入窖

老酒

你应知道的『十七大名酒』

除老酒范畴、饮用价值、保质期等基础知识之外，入门老酒收藏还必须了解老酒收藏的必备系列——中国十七大名酒。第五届评酒会是中国最后一届评酒会，而这次评酒会的最高荣誉“中国名酒”代表了当时酒界最负盛名的十七个品牌。值得一提的是，这十七个品牌如今的命运各不相同，有的成为国内酒界翘楚、当之无愧国酒称号，有的却遗憾落寞、难振旗鼓……

文千言，诗千首，
且从茅台唱起头

茅台的成功，离不开『坚守』。

八十年代酱茅

茅台镇自古便因美酒享誉四方。1951 年，政府将生产“王茅”的“荣和烧房”、生产“华茅”的“成义烧房”和生产“赖茅”的“恒兴烧房”三家烧房改造合并后组建国营仁怀酒厂。

曾经偏隅一方的地方酒，如何成为国人皆知的“国酒”品牌？茅台的成功，值得我们深思。

恒兴烧房

成义烧房

荣和烧房

图为1953年2月，茅台酒厂厂长张兴忠宣布接收恒兴烧房，至此，三家私营烧房全部合并到茅台酒厂。

茅台，缘何成功？

正如前文所述，“民国”时期，中国的国酒是绍兴黄酒，饮用黄酒，不淡不浓，恰似中国人醇厚淳朴的中庸性格。不仅如此，当时有身份的上层社会喝的大多是黄酒，清宫秘方中使用的也大都是黄酒，因此才会有“黄酒价贵买论升，白酒价贱买论斗”的说法。

从“民国”至1949年，中国酒业悄然发生变化——征战期间，酒可壮行、可壮胆，既是英雄的死别之酒，又是壮士的凯旋豪酒。在特殊的战争时期，曾经更多为普通老百姓接受的白酒，开始得到更高层面的普及：人们逐渐改变了饮食偏好和味觉记忆，开始逐渐适应口感更重、味道更浓、感官刺激更强的高度烈酒。

战争期间，在茅台镇的茅台酒遇上了红军。红军来到遵义，在这个几乎未被侵扰、物产众多、人民安家乐业的边陲小镇喝到了赤水河酿造的美酒。中华人民共和国成立初期，各种庆功宴上，开国元勋对茅台酒口感念念不忘。顺应着局势发展的主流，茅台逐步在白酒市场上占据重要地位。

茅台的成功，离不开“坚守”二字。

中国白酒的香型，潮流一直在更迭，清香、浓香都曾经风靡全国，引领市场，国内无数酒厂马上跟风追逐，于是，我们不难见到，一些原本生产酱香型的酒厂改而生产浓香型白酒。茅台的灵魂人物季克良先生，当年做出香型坚守、储存时间坚守的决定，高瞻远瞩，令人生敬。

对传统工艺的坚守，是茅台长期以来始终保持品质、赢得消费者交口称赞的根本原因。本可以机械化生产，却仍然采用手工作业，这就是对品质的坚守。

是不是越老的茅台越好喝？

回到老茅台酒的本质上，不少读者问我：老茅台那么贵，是不是越老的茅台越好喝？

八十年代末铁盖茅台酒。

酒是陈的香，一瓶酒随着岁月流淌，在酒瓶中发生着微妙的变化。因此一瓶新茅台酒与有一定年份的老茅台，在口感上一定是有差异的。然而，一瓶二十世纪六十年代产的茅台，口感一定会胜过九十年代的茅台吗？答案是未必。

酒的储存，受到保存环境和保存条件的影响；一瓶老酒，挥发是常事。聂卫平曾获得一瓶产于二十世纪五十年代（另一说法是产于 1949 年）的孤品茅台。历经岁月，粗陶茅台酒瓶装着的酒只剩二两，最后由季克良先生用一瓶年份茅台酒与这二两“黄金”勾调饮用。这二两酒尽管陈味突出、香味仍在，却不一定适合直接饮用，因此将老年份的酒与新酒勾调后再喝，是不错的选择。

酱香型白酒倘若保存得当，定会是难得的琼浆佳酿。然而遗憾的是，老茅台往往“跑酒”多。倘若您收藏的三十年以上酒龄的茅台酒酒线高，那么则要多加提防，这样的酒，打孔的嫌疑比较大。

九十年代，茅台酒不断改进封口工艺，茅台酒的保存从而得到保证，应该说，这个时候的茅台酒，酒质是较为稳定的。近年来，茅台酒价格水涨船高，一瓶九十年代初的茅台动辄上万，其价之高令人咋舌。如此想来，再过上数十年，这九十年代的茅台或许将成为人们眼中的天价之物了。

有关茅台的全系列收藏，远非一篇文章可以概全。鉴于茅台品质的稳定、考虑到老茅台动辄数万元的天价，我建议初涉茅台收藏的朋友可以从近五年生产的茅台开始下手，这些酒相比较老茅台而言性价比更高，且经过五年存放，口感愈加醇厚甘美，具备较高的升值潜力。

汾酒

吾饮汾清二杯，
劝汝于邺酌两杯。

八十年代瓷瓶汾酒

汾酒，于历史长河绵延数千年，早在南北朝时期便作为宫廷御酒受到北齐武成帝高湛的极力推崇，被载入《二十四史》而一举成名。历经数千年的酿造工艺的传承及蒸馏法的介入，汾酒在中国酒文化的哺育滋养下，逐渐树立起在清香型白酒中的龙头地位。

汾酒文化绵延数千年，汇聚了晋商文化的重要一脉。早在南北朝时期便以“汾清”酒之名作为宫廷贡酒而著称，唐诗宋词中也留下不少与汾酒有关的历史痕迹。到了清代，汾酒已享誉全国，《镜花缘》中便将“山西汾酒”列为国内五十余种名酒之首，汾酒之名可见一斑。彼时大江南北的酒铺作坊都有汾酒出售，不仅如此，汾酒工艺更是远播全国。

1939 年 7 月，中国国民经济研究所出版的《贵州经济：茅台酒的沿革及制造》一书中写道:“在‘满清’咸丰以前，有山西盐商来茅台地方，仿些汾酒制法，用小麦为曲药，以高粱为原料，酿造一种烧酒。后经陕西盐商毛某、宋某先后改良制法，以

八十年代瓷瓶汾酒。

茅台为名，特称为茅台酒。”大量的记载表明，晋商曾将汾酒的生产工艺带入茅台镇，并结合当地的风土，酿出了茅台酒。当然，杏花村汾酒之名，最盛之处莫过于耳熟能详的“借问酒家何处有？牧童遥指杏花村”一诗。因此，说一瓶汾酒之酿成，得益于自然、历史、人文、传统的多重融合则绝不为过。

作为连续五届蝉联“中国名酒”称号的汾酒，其酒厂之渊源可追溯至 1875 年“宝泉益”酒坊的成立。此后，与其有血脉承继之缘的酒坊还有崇盛永、德厚成等。对汾酒的酒器，我一直颇为关注，几年下来竟也收藏了上百个形态各异、古朴大方的清代

七十（中）、八十（右）、九十（左）年代的汾酒。

及“民国”的汾酒酒器。因此，除老汾酒的收藏，汾酒酒器收藏也不失为有特色的收藏类别。

汾酒的发展历经数十载变迁洗礼，时至今日仍列中国酒界当之无愧的名酒之前席。在收藏市场上，顶级藏品如五十年代专卖事业公司汾酒、六十年代地球汾酒、“四新牌”汾酒。而常见的陈年汾酒主要有七十年代的压盖古井亭牌汾酒、八十年代短铝旋盖汾酒、九十年代长铝旋盖汾酒，除此之外，还有一系列外销的长城牌汾酒以及造型雅致的瓷瓶汾酒。汾酒的系列酒亦得到了许多资深藏家的关注，如陈年老白汾酒、颇有历史意义的白玉白酒、北方烧酒、杏花村酒以及竹叶青酒、玫瑰汾酒等。

本人的私人展馆中便有几十余种汾酒品类，琳琅满目，异彩纷呈。由于陈年汾酒的口感及风味极具魅力，数年来，其收藏价格有了数倍的增长。不过，相比较十七大名酒中的其他名酒，陈年汾酒价格仍然不算太高，因此非常具备投资潜力。

泸州老窖特曲

何以解忧，唯有杜康。
而今无忧，特曲是尝。
产自泸州，甘洌芬芳。

八十年代方形圆底泸州老窖系列

泸州，古称江阳，其酿酒史足有数千年，自古以来便享有“江阳尽道多佳酿”的美誉。在中华酒文化浩浩荡荡的巨制长篇中，泸州老窖谱写着其中璀璨夺目的一章。

“泸州老窖”之所以得名，据说是因为它的老窖池群创下了几个中国之最：建造最早、连续使用时间最长、保护最完整。

老窖是否是中国最早，我认为有待商榷。但连续使用时间最长、保护最完整应是无可争议的。因此，说是老窖绝不为过。如今大家所熟知的国窖 1573，便得名于老窖始建于公元 1573 年的史实。

泸州老窖的历史传承，可见于国窖 1573 的前身——泸州老窖特曲酒。新中国成立后，公私合营的泸州老窖酒厂，对泸

七十年代末“工农牌”泸州老窖特曲。

州大曲酒按照质量等级划分了“特曲、头曲、二曲、三曲”。其中，特曲酒为酒质最优。特曲酒最早使用“白塔”牌注册商标，到了二十世纪六十年代，为了顺应“工农联盟”的时代趋势，改用“工农牌”注册商标并一直沿用至1987年。如今收藏市场上，五十年代的“白塔牌”泸州老窖极为罕见，而同样少见的“工农”特曲也顺势成为极品。

值得一提的是，“工农牌”并非泸州老窖独有。在本人的藏品中，便有不下数十种以“工农牌”为商标的陈年老酒。南昌酒厂在二十世纪七十年代便推出过一系列“工农牌”注册商标的产品——“工农牌”南昌大曲酒、“工农牌”三花酒、“工农牌”梅岭酒，颇具时代特征。

九十年代 泸州老窖特曲。

八十年代开始，特曲酒开始采用方形圆底玻璃瓶包装，由于泸州老窖酒蝉联五届中国名酒称号，因此在方瓶包装上更可见酒厂对品牌获得名酒称号的显著标示。辨别其年份非常简单，酒标上印有 1980 年金质奖章的为八十年代初生产；印有 1980/ 1984 年金质奖章的则为八十年代中后期的产品。

二十世纪八十年代末，泸州老窖特曲酒一改当时的方形圆底瓶型，启用新型方形方底瓶型，并采用铝旋盖封口，瓶标也有了新的变化，这种八十年代末九十年代初的酒与早期的泸特相比性价比更高，口感绝佳。我曾邀请多位知名国家级白酒评委前来我处品鉴该酒，一致结论是:“窖香浓郁、浓香优雅、陈香明显、酒体醇厚丰满、回味悠长、空杯留香持久”。

老酒之老，在于其香味、口感的传统特性。它们陈味持久、酒香优雅、舒适协调，相较新酒而言口感更佳。

值得一提的是，泸州老窖早期生产的头曲、二曲、三曲系列酒由于存量更为稀缺，近年来在收藏市场价格一路看涨，有些价格甚至超过了特曲酒，这也印证了陈年酒物以稀为贵的原则。

西凤酒

酸、甜、苦、辣、香，
五味俱全而各不出头。

七十年代凤凰牌西凤酒

西凤酒是凤香型白酒的典范。历代文人留下不少与西凤酒有关的故事，苏东坡更是挥毫写下“花开酒美喝不醉，来看南山冷翠微”的脍炙人口的华美诗句。

西凤酒的产地——陕西凤翔县似乎不及茅台镇、杏花村般名气大。然而，它有着极为深厚的历史文化积淀：嬴政创霸、始皇加冕、周室发祥皆在该地；因“凤凰鸣于岐，翔于雍”而得名凤翔。浪漫的传说后，是一片有故事的风土。

这一片历史、人文、地域的风土诞生了西凤酒品牌。“西凤”，“西”指“陕西”，“凤”指“凤翔”。而早期的西凤酒一直沿用的凤凰图案，是其雍容历史的传承。“民国”时西凤酒已享誉全国，有记载称“陕省以凤翔、岐山、宝鸡等县所产凤酒最优质”。

七十年代（右）、八十年代（左）的西凤酒。

在 1952 年、1963 年、1984 年和 1989 年的第一、二、四、五届全国评酒会上，西凤酒四次被评为国家名酒，其品质风格也更加醇馥突出。

值得一提的是西凤酒的酒海，它实际上是盛酒的容器，早期的西凤酒在出厂以前均贮存在酒海中。最大的酒海可盛六吨白

九十年代白标西凤（出口）。

酒。“酒海”采用当地荆条编成，内壁糊以麻纸，涂上猪血等物，然后用蛋清、蜂蜡、熟菜籽油等物按一定的比例配成涂料涂擦、晾干。酒海造价成本低，存量大，酒耗少，可使酒醇化、酯化，防渗漏性能强，适于长期贮存。有专家称，西凤酒之所以有“凤型”的独特香型，也许与“酒海”不无关系。

收藏市场上西凤酒以早期“凤凰牌”最为珍稀，而较常见的“西凤牌”则主要于 1987 年开始使用。早期西凤酒采用啤酒瓶型，本人的藏品中便有这样一瓶，红色的酒标上凤凰雍容展翅、华贵雅致，在收藏市场罕见，应为目前市场上年份最早的一瓶，算得上是我展厅的镇馆之宝。

西凤酒被誉为“酸、甜、苦、辣、香，五味俱全而各不出头”。它的凤香，与茅台的酱香、五粮液的浓香、汾酒的清香、三花酒的米香不同，兼取众酒所长，熔于一炉，酱清米浓齐集一身。八十年代的高度西凤酒是本人颇为钟爱的一款喝品级藏酒，其陈味突出，是凤香型白酒的绝佳代表。西凤酒的收藏价格相比其他国家名酒并不高，因此升值潜力较大。

姚子雪曲——五粮液

集五粮之精华，
酿浓香之口感。

1968 年交杯牌五粮液

五粮液香气悠长，滋味醇厚，入口甘美，入喉净，是浓香型白酒的典范。在第二届全国评酒会上，五粮液获得“中国名酒”的称号，自此确立了在中国酒界的领军地位。

五粮液，顾名思义，采用五种粮食酿造。据说，宋代姚氏家族酿制的远近闻名的“姚子雪曲”，便是五粮液的最初雏形——玉米、大米、高粱、糯米、荞子巧妙配比，加上宜宾独特的地理环境终得此佳酿。

五粮液最早的商标如今已成追忆，该商标于 1932 年注册，图案由高粱、玉米、稻谷、荞麦、胡豆五种粮食组成，在图案上方印有生产地址“四川省叙州府北门外顺河街陡坎子利川永大曲作坊附设五粮液制造部”。

在陈年白酒收藏市场，五粮液酒是仅次于茅台酒的白酒收藏品牌之一。2011 年，一瓶六十年代的“交杯牌”木塞五粮液在杭州西泠印社陈年白酒拍卖专场上拍出了 98 万元的高价。不过，这个价格是否有炒作的成分我们不得而知。

七八十年代萝卜瓶五粮液。

收藏市场上较为常见的五粮液，主要为萝卜瓶型，其中塑盖的五粮液生产时间较铝旋盖生产时间更早，价格也高出不少。七十年代的“长江大桥牌”五粮液具有较为鲜明的时代特性，这种商标的老五粮液酒于二十世纪八十年代逐渐隐退国内市场，取而代之的是“交杯牌”和带有中国名酒优质奖章的五粮液酒——“交杯牌”注册商标于 1981 年开始使用，该注册商标有“推杯换盏，把酒言欢”之寓意，该商标直至 1986 年方才退市；带有优质奖章的五粮液酒则是其在 1979 年获得“中国名酒”称号后开始生产。

塑盖优质奖章五粮液与“交杯牌”五粮液均为陈年白酒藏家之必藏酒。不过，该酒在收藏市场仿冒品众多，有些是真假难辨的高仿，有些则是手段拙劣的仿冒酒，一眼看去便问题重重。

左边是真品，右边是假冒酒。

八十年代麦穗瓶五粮液。

当然，陈年五粮液的品种远非以上几种，在收藏市场上较常见的还有俗称麦穗瓶五粮液以及早期用于出口的五粮液酒。这些酒由于相较萝卜瓶五粮液数量更少，因此收藏价值更高。值得一提的是，早期五粮液的系列酒如尖庄曲酒近年来也获得了资深藏家的关注，本人藏品中便有木塞封口的“长江大桥”牌尖庄曲酒，市场上存货稀少，几乎已成绝唱。

古井贡酒

九酝甘醴，十旬兼清。
醪敷径寸，浮蚁若萍。

“文革”时期古井酒

古井贡酒系出名门。酒香醇如幽兰，入口甘美柔和，回味悠长，空杯余香，是浓香型白酒的代表。

公元196年，曹操将家乡的“九酝春酒”进献给汉献帝刘协并上表酿造方法，“贡酒”由此而得名。九酝酒法尽管在当时生产出来的不过是黄酒，但其历经千百年传承，最终成就了一个传承有序的名酒血脉——“古井贡酒”。

古井坐落于亳县城西外二十公里的减店集，已有一千四百余年的历史。据称该地多盐碱，水味大都苦涩，但独有一口古井水清味美。相传这口井是北魏时期与元树将军鏖战多时的独孤将军

八十年代古井贡酒。

死前投金铜长戟的那口井，也就是今日酿制古井美酒的那座古井。因此，说它是“古井”确实名副其实。

有关古井贡酒的命名，还有一段插曲。1959年10月，安徽省轻工业厅发出通知，称亳县减店酒厂所生产的高粱大曲经省领导研究决定命名为古井贡酒，以用水之井和酒的历史渊源命名。但翌年古井酒厂按级申请注册“古井牌”古井贡酒商标时，却被中央工商行政管理局建议删去“贡”字，并建议将曹操与贡酒的关系抹去。经过当时的安徽省专卖公司的努力，最终工商行政局同意采纳“古井贡酒”之名。到了“文革”时期，这个本经一番波折获得的“古井贡”之名再次因为“贡”字的封建遗存之嫌疑而改为“古井酒”（1973年恢复了“古井贡”名称），这也使“文革”时期生产的“古井酒”具有了更多的文化价值和历史意义，在收藏市场上更是千金难求的稀有品种。

收藏古井贡酒同样秉承的是物以稀为贵之准则，以六七十年代的早期酒为极品，早期的塑盖大肚瓶型为上佳；八十年代的短铝盖为精品收藏；九十年代至2000年左右的古井贡酒则是性价比较高的喝品酒。此外，古井贡酒还有艺术陶瓶以及白瓷瓶型，这些酒都是藏家较为青睐的品种。

董酒

董酒与茅台酒，
并称为『贵州双雄』。

八十年代蓝董

董酒既有大曲酒的浓郁芳香、甘洌爽口，又有小曲酒的柔绵醇和与回甜，并微带使人有舒适感的药香及爽口的酸味，饮后不干、不燥、不胃灼热、不上头，余味绵绵。

贵州酒，以茅台最为知名。很多人不知道的是，二十世纪八十年代，贵州遵义董酒厂的董酒作为董香型白酒的代表，曾与贵州茅台酒一同被称为“贵州双雄”。

很多人以为董酒得名，是取了“懂酒”之谐音；也有稍微了解董酒出身的酒友们会讲，董酒得名与其产地遵义董公寺镇有关；更有深谙中国文字传统之人将“董酒”之“董”拆解，点睛之字，尽得风流：“董”为“艹”与“重”之合，“草”字头意为“百草、草药”，而“重”则意指数量众多。“草”“重”之“董”，将董酒汇聚百种草药之精华的文化内涵表达得淋漓尽致。

董酒之特色，在于中药材的加入，更在于这百余种中药材并

八十、九十年代董酒（从左至右：褐董、白董、红董）。

非加入酒中，而是在制酒曲时加入。董酒使用 130 余种名贵中草药，由源远流长的两个配方组成——制小曲的“百草单”（又名“蜈蚣单”，加入 95 味中药材）和制大曲的“产香单”（加入 40 味中药材）。这种配方和它特有的串香工艺现已被列为民族遗产保护项目、国家部级机密，因此被加入大、小曲的具体药材至今仍是一个谜。

有记载称清末年间，董公寺一带的大小酒坊已学会酿造大曲、小曲，并以草本植物入曲。1957 年，董酒恢复生产，由遵义酒精厂担任试制任务。1958 年，董酒始酿成功并投放市场，当时使用的是“湘江”牌商标，也是第一代董酒商标，该商标又称为“金龙牌”。我本人便藏有一瓶遵义酒精厂出品的董酒，为六十年代产，虽遗憾不是“湘江牌”，但目前为止在收藏市场上仍是年份极早的一瓶。

遵义酒精厂出品的早期董酒可遇不可求、价格超高，精品级的陈年董酒主要有:“红城董”、1980 年仅生产了一年的“黑边董”、1981 年推出的“蓝董”、1983 年问世的“白董”以及 1989 年开始出品的“红董”。

在琳琅满目的精品陈年董酒中，红董出品年份最晚，收藏价格也最低。1993 年，国务院出台通知，严禁虎骨贸易，并规定不得再用虎骨制药，从此，红董中便取消了虎骨这一成分。从收藏的角度而言，应以 1993 年之前生产的董酒为最佳。

全兴大曲

盏底轻浮别有香，
秋光酿出深浅黄。

八十年代方瓶全兴大曲

全兴大曲世代相传，几经起落，终因其清澈晶莹、窖香浓郁、醇和协调、绵甜甘洌、落口爽净的浓香品质，重获世人的认可。

蜀之佳酿，自古以来便数不胜数。先秦的“清酒”，唐时的“青城乳酒”，宋时的“锦江春”，元代的“刺麻酒”，明代的“万里春”，美酒以濯锦江畔的新泉、薛涛井水酿制而成。清朝年间位于水井街的“福升全”酒坊（后更名为“全兴成”）便是老八大名酒全兴大曲的前身。

二十世纪五十年代初，国营成都酒厂成立，在全市仅存的“全兴成”三个老窖池的基础上，老酒师、技工们开始了艰苦的创业历程，逐渐迎来了成都酒业的复兴。名酒荣耀纷至沓来，分别于第二、四、五届评酒会上获得“中国名酒”的称号，这对于中国白酒而言，可以说是最高荣誉。

全兴大曲是地地道道的大城市产物，如今，它的主流产品有了一个颇具地方特色的名字——水井坊，这与酒坊坐落在水井街不无关系。早期的全兴大曲酒则一直都是收藏市场的香饽饽。在使用“全兴牌”注册商标之前，成都酒厂曾使用过“红粮牌”“红旗牌”及“青羊牌”等注册商标。目前收藏市场上较受欢迎的是“青羊牌”全兴大曲酒。较之后来的“全兴牌”产品，“青羊牌”产品年份更早、更为稀缺。

七十年代“青羊牌”全兴大曲。

到了八十年代中期，“全兴牌”注册商标逐渐取代了“青羊牌”注册商标；而塑盖封口也于1987年更改为白铝旋盖封口（九十年代中期改为金色旋盖封口）。八十年代之前的全兴如不可求，那么九十年代的全兴大曲酒则是我个人认定的性价比较高的一款酒，价格不贵，陈味出众，绵甜香醇，口感又好。全兴酒厂还曾推出过一款足球纪念酒，以此纪念鼎盛时期四川足球与全兴酒厂联姻的辉煌盛况，这在全国酒厂中也算是罕见的。

洋河大曲

甘泉酿旨酒，泉以美人名。
酒比美人秀，相伴作长吟。

八十年代洋河大曲

洋河酒色清而明，味鲜而浓，质厚而醇，是我国浓香型白酒的代表。在洋河酒厂发展的这几十年间，洋河酒也在不断地变化。

《宿迁县志》中曾记载道：乾隆二次下江南时，曾感于洋河佳酿之醇美，一住七日不愿离去，临走留下御笔："洋河大曲，酒味香醇，真佳酒也。""民国"时期的洋河高粱酒闻名于世，并在此期间获得过国际名酒的美誉。1949 年，淮海贸易公司三分公司洋河糟房成立，这便是洋河酒厂的前身。洋河糟房于 1951 年 9 月更名为苏北行署专卖事业公司洋河酒厂，1953 年 4 月再次更名为地方国营洋河酒厂，后改为江苏洋河酒厂。

洋河大曲酒于第三、四、五届全国评酒会上被评为中国名酒，它是浓香型白酒的代表，具有"甜、绵、软、净、香"的特征。这种口感得益于苏北地区温和的天气、肥沃的土地以及清澈甘洌、无杂不涩的美人泉水，也得益于早期洋河纯粮、质朴的酿造工艺。

藏品中的洋河大曲酒琳琅满目："敦煌牌"压盖玻璃瓶、"羊禾牌"美人瓶、"洋河牌"美人瓶，还有方瓶、异形瓶、青瓷瓶异彩纷呈。这其中，较受白酒藏家关注的当属"敦煌牌"压盖玻璃瓶及"羊禾牌"美人瓶。这两款酒普遍产于二十世纪七十年代至八十年代前期，在藏界并不常见，因此也颇受追捧。

八十年代的美人瓶洋河大曲酒则是藏家的必藏之物。美人瓶之得名，主要源于该酒瓶形似古代仕女之形体，优雅婉柔，加之酒瓶通体呈现湛蓝之色，透过玻璃瓶体望向瓶中酒体，一时间美酒与佳瓶融而为一，仪态万千。如今再看洋酒酒厂生产的蓝色经典系列，不难窥见早期美人瓶陈年洋河酒的几分神韵。如前文提到的，美人瓶亦有年份之分，其中，"羊禾牌"是八十年代中期以前使用的商标，而"洋河牌"则使用时间较晚，因此收藏价格也稍逊一筹。

美人瓶洋河早已成经典，后来居上的蓝色经典系列尽管有几分神似，但其高档奢华的包装却失去了当初复古朴实的味道。我更挚爱手中珍藏的一瓶瓶陈年美人瓶，朴雅怡人、不语不言；品上一杯，却是芳香四溢、醇厚甘甜。

念几分旧事，品一杯老酒，人生之快意事，莫过于此。相信，您此刻所想，也与我相同吧。

七十年代“羊禾牌”洋河大曲（美人瓶）。

剑南春

蜀酒浓无敌，江鱼美可求。

七十年代“长江大桥牌”剑南春（莲花瓶）

剑南春，透明晶亮，气味芳香浓郁，口味醇和甘甜、清洌净爽，饮后余香悠长，有独特的曲香，是浓香型大曲酒的代表。

七十年代剑南春（红标）。

剑南春酒被誉为四川白酒六朵金花之一，曾与郢州富水、乌程若下等酒共同被列入唐代各地最著名的十三大名酒，足可见剑南之地酒历史久远。据称，与剑南烧春结下不解之缘的，还有当时著名的诗人李白和杜甫。酒仙李白为得美酒不惜解貂赎酒，而杜甫亦是留下“蜀酒浓无敌，江鱼美可求”的动人诗篇，烧春之盛名可见一斑。

1949 年，政府将“朱天益”“积玉鑫”“裕川通”“天成祥”等当地老牌酒坊纳入国营范围，合并成立了四川绵竹县地方国营酒厂。我们所熟知的剑南春酒，则是 1958 年酒厂在原绵竹大曲酒的传统酿造基础上，通过改进原料和生产工艺酿制的高端产品。相比酒厂最初生产的绵竹大曲，该酒口感更胜一筹，是浓香型大曲酒的代表。

八十年代绵竹大曲。

在陈年白酒收藏领域，剑南春因其品牌知名度和影响力而具有很强的收藏潜力。剑南春酒于全国第三、四、五届评酒会上获得“中国名酒”称号。因此，在收藏市场上，剑南春尽管相比茅台、五粮液等酒的收藏态势稍逊一筹，但也一直是藏家关注的对象。

从产品的稀缺度上看，早期的红标剑南春以及外销的“长江大桥牌”剑南春是收藏人群较为关注的两款酒，且增长潜力大。除此之外，“绵竹牌”方瓶塑盖剑南春以及莲花瓶塑盖剑南春亦是八十年代的主流产品，在收藏市场上价格也一直稳步增长。八十年代后期，剑南春开始采用防盗铝盖，这种类型的剑南春酒则在收藏市场上仍有一定的保有量，个人品鉴过数次，色泽微黄，酒香浓郁，醇厚悠长，回味无穷。

剑南春系列酒也值得收藏，其中知名度最高的，莫过于绵竹大曲。最早的绵竹大曲酒是剑南春酒的前身。在剑南春酒推向市场后，绵竹大曲并未结束它的历史使命，而是作为一个系列与春沙酒、双沙醒色酒等系列酒并存。这些酒在市场上都较为少见，因此收藏价值较高，有些甚至超过了普通的陈年剑南春酒。

双沟大曲

香飘十里，知味息船，
不愧为天下第一流。

八十年代双沟大曲

双沟大曲酒“酒液清澈透明，香气浓郁扑鼻，入口绵甜纯正，酒体丰满醇厚，尾净余长不绝”，是名扬天下的江淮派（苏、鲁、皖、豫）浓香型白酒的卓越代表。

双沟，被称作“醉猿之乡”。1977 年，依据在双沟附近下草湾出土的古醉猿化石，近百名国际古生物学家、古人类学家得出了双沟地区是“古生物进化的平台，孕育人类的胎盘，自然酒起源的地方”的结论。双沟的酿酒史亦十分悠久，宋代的泗州（今双沟）是东方的大酒区之一，苏轼等文人均在这里留下不朽诗篇。

七十年代双沟大曲（木塞）。

1950年，泗洪县人民政府以全德糟坊为基础，联合镇上其他几个较小的酒坊，成立了地方国营宿县专署泗洪县酒厂。1955年，酒厂更名为双沟酒厂，生产出屡获名酒殊荣的“双沟大曲”。双沟大曲酒“酒液清澈透明，香气浓郁扑鼻，入口绵甜纯正，酒体丰满醇厚，尾净余长不绝”，是名扬天下的江淮派浓香型白酒的卓越代表。1984年、1989年，双沟大曲在全国第四、第五届评酒会上获得“中国名酒”的称号。

从建厂至今，双沟大曲酒历经岁月变迁，早在五十年代末便已出口海外。而在六十年代，双沟大曲酒则由江苏糖业烟酒公司改装。早期主流的双沟酒主要采用玻璃瓶、青瓷瓶，封口曾有木塞（六七十年代）、压盖（八十年代）、塑盖（八十年代）及金属铝盖（九十年代）。收藏市场上，玻璃瓶木塞封口的“山河牌”双沟大曲堪称精品，当时厂家的名称为“地方国营江苏双沟酒厂”，酒厂的这种地方国营的叫法一直到二十世纪八十年代还在延续。

值得一提的是，如今市场上出现了少量的换标酒。这些酒将五六十年代的老酒标贴在七八十年代的老酒瓶上，其酒瓶的材质、瓶型、封口及整体协调性等方面均不具备当年的特征，但不明就里或初涉收藏的藏友很容易上当受骗。因此，本人建议在收藏此类藏品时，须注意酒标的老化程度以及标与瓶结合处的包浆是否自然。

从本人第一本《陈年白酒收藏投资指南》2012年出版以来，双沟大曲全系列酒在收藏市场上价格一路看涨。短短几年时间，这些酒的收藏价格均有2—3倍的增长。在确保真品的前提下收藏十七大名酒的陈年白酒，我认为是较为稳妥的投资方向。

郎酒

上流是茅台，下流望泸州。
船过二郎滩，又该喝郎酒。

八十年代郎酒

郎酒为酱香型白酒。郎泉水甜美怡人，据称清朝末年，当地人开始用郎泉之水酿制小曲酒，足可见该水质适合酿制美酒。

养育了云贵川周边三省百姓的赤水河畔，除了有茅台酒，更孕育了另一个酱香典范：郎酒。民间有“上流是茅台，下流望泸州。船过二郎滩，又该喝郎酒”的说法。

郎酒产于四川古蔺县二郎滩镇，承袭百年前的“回沙郎酒”。解放战争时期，生产回沙郎酒的两家糟房“惠川糟房”和“集义糟房”解体，郎酒曾一度绝迹。1957 年，全国范围内掀起公私合营的浪潮，在原“集义酒厂”的基础上，国营郎酒厂成立，郎酒厂集聚了惠川和集义的酿酒技师，并派人奔赴茅台酒厂运回曲药和配糟，按照传统工艺，恢复了郎酒的生产。

“三大革命”郎酒。

郎酒自恢复生产后，屡屡斩获大奖，“四川省名酒”“商业部优质酒”“国家优质酒”“国家名酒”等称号数不胜数。1980 年出版的《中国名酒志》中曾这样评价当时的郎酒：“酱香纯净，酒质醇柔、甘洌，口感似鲜果之甜润酸爽，回味悠长，回香满口……属酱香型酒，但独有的风格极为显著。”

事实的确如此，陈年的郎酒口感极佳，丝毫不逊色于茅台酒的口感。我本人便时常以九十年代产郎酒款待亲朋，这个年份的酒性价比高，口感好。正因为如此，慢慢地也便有了许多钟爱老郎酒的“粉丝”。近年来，在陈年白酒收藏市场上，郎酒收藏价格一路水涨船高，有些特殊品类的早期郎酒收藏价格甚至直逼茅台。

陈年郎酒之精品，当属“郎泉牌”玻璃圆柱瓶装郎酒，简称“玻璃郎”，在市场上较为少见。玻璃郎酒使用“三大革命”字样的背标，因此又被称作“三大革命郎”，这一特殊时间的郎酒由于市场稀缺，价格令人咋舌；八十年代初，郎酒改为乳白玻璃瓶，酒标也有了新的变化，采用了经典大字体“郎”字图案，俗称“大字郎”。1987 年，郎酒结束了塑盖封口的历史，转而使用金属铝盖封口。

从“红标郎”到“大字郎”，再到印有金质酒章的“中国名酒郎”、产量很少的“亚运郎”以及九十年代中后期的高端“五年郎”“十年郎”，琳琅满目的陈年郎酒每一瓶都有较高的收藏价值。不过，收藏市场上假陈年郎酒泛滥，有些后仿郎酒更是酒质极其低劣。曾有朋友拿十余瓶九十年代的郎酒给我鉴定，我从中仅挑出两瓶真品，其他均为假酒。在此提醒藏友多加留意，仔细比对瓶标清晰度、封口工艺及整体协调度，好将真正的“宝贝”收入囊中。

黄鹤楼酒

沧海内风物，
推武汉一厂，有酒驰芳名。

九十年代初特制黄鹤楼酒

特制黄鹤楼属清香型大曲白酒，酒液清澈透明，酒香清雅纯正，酒质醇厚谐调，入口绵甜爽净，饮后怡悦提神。

1952 年，武汉酒厂在“老天成”等糟房的基础上建成，当时生产的是“汉汾酒”，因此，该酒与清香型白酒“汾酒”的渊源，一看便知。黄鹤楼美酒之得名，始于二十世纪七十年代末，当时的武汉酒厂，为了打造自己的品牌，从名胜古迹黄鹤楼得益，生产黄鹤楼酒。而武汉酒厂历经更名，亦终于 1992 年改厂名为“黄鹤楼酒厂”，此时也是黄鹤楼酒业较为辉煌的阶段。

黄鹤楼酒历经“汉汾酒”“特制汉汾酒”到“黄鹤楼酒”的变迁，其商标主要有黄鹤楼牌、晴川牌、长江大桥牌（用于外销）。在十七大名酒中，黄鹤楼与汾酒、宝丰酒一样，均为清香型白酒，酒香清雅纯正，酒质醇厚谐调，入口绵甜爽净，饮后怡悦提神。

七十年代黄鹤楼鹤酒。

八十年代黄鹤楼酒。

本人展厅里陈列的诸多黄鹤楼藏品中，有一瓶为目前收藏市场上出现最早的黄鹤楼酒——酒标中的黄鹤楼图案仅有三层楼，楼外有一仙鹤展翅远飞，颇有些“昔人已乘黄鹤去，此地空余黄鹤楼”的意境。该酒在市场上存量稀少，是收藏的上品。

同为黄鹤楼牌商标的酒，图案则可以反映该酒的年份长短：最早期的黄鹤楼酒，酒标上的黄鹤楼仅有三层；黄鹤楼改建五楼后，八十年代上半期，酒标上的图案也由三层楼改为五层楼，展翅高飞的仙鹤也变成了两只，俨然一幅黄鹤楼重修后焕然一新的景象。此外，最早期的黄鹤楼酒酒瓶为啤酒瓶型，到了八十年代中期左右开始改为方形扁玻璃瓶，九十年代初酒瓶封口则由塑料盖改为金属盖。倘若你也恰好珍藏了一瓶早期的黄鹤楼酒，不妨按照我的断代方式比对一下——看看瓶型，看看封口，比对一番瓶标上的建筑，乐在其中。

遗憾的是，两度蝉联国家名酒的黄鹤楼酒最终难逃倒闭的命运，自 2003 年被收购后，从此在白酒市场难现过往辉煌。因此，在陈年白酒收藏市场，早期的黄鹤楼酒则显得更具有升值潜力和纪念价值。

武陵酒

千秋澄碧湘江水，
巧酿香醪号武陵。

裤币武陵酒

武陵酒于1989年荣获“中国名酒”称号，成为与茅台并列的酱香型白酒代表。武陵酒酒色微带淡黄，清澈透明，酱香馥郁，略带焦香，入口绵甜、柔和、纯正、爽适、味长。

七十年代岳阳楼牌武陵酒。

湖南常德盛产美酒。1952 年，政府在年产不到一百吨酒的原私营糖坊基础上组合成立了国营酿酒厂；1957 年，这家酿酒厂更名为常德酒厂，恢复生产传统白酒；1959 年，浓香型风格的德山大曲酒根据传统酿造技术酿造而成，此时的常德酒厂，还没有武陵酒的影子。

二十世纪六十年代末，茅台酒作为当时的接待用酒，供应前来拜访的宾客明显不足。为生产出与茅台酒口感一致的政府接待专用酒，湖南省革委会决定在本土开发一款酱香型高品质接待用酒，出于对常德酒厂自然环境以及时任酒厂厂长鲍沛生与时任茅台酒厂技术副厂长季克良先生的同学关系的考量，决定将试制该酒的任务交予常德酒厂。常德酒厂派技术骨干到茅台酒厂，潜心学习研究、试制，并于两年后试制成功，命名为“武陵酒”。

“武陵酒”原本是应运时代的要求而生，事实上，在那个年代，全国有很多酒厂均在仿制茅台的酱香型风味，这些酱香型白酒均在全国评酒会上取得了不错的成绩。然而，到了九十年代，这些仿茅台风味的酒厂均逐渐没落，而武陵酒厂最终也未能逃此命运。九十年代末，武陵酒厂发展停滞，逐渐隐没在竞争激烈的白酒市场中，尽管近年来改制后的武陵酒仍在不断发力，但多少显得力不从心。

不过，曾辉煌一时的武陵酒在收藏市场上却是香饽饽，由于该酒当时本就产量不大，且名气不及其他十七大名酒，因此存世量很少。本人藏品中的一瓶七十年代产岳阳楼牌武陵酒，在收藏市场上仅见数瓶，极为珍贵。此外，从八十年代末开始，武陵还生产了一款异形的复古武陵酒，行内称之为“裤币武陵”，该酒由画家韩美林先生设计，古朴典雅，是武陵酒收藏的理想藏品。

九十年代武陵酒。

宝丰酒

汝海之南，应邑之野，
酒以得诗，声誉远播。

九十年代初人民大会堂专供宝丰酒

元代诗人元好问曾留下“春风着人不觉醉，快卷更须三百杯”的诗句赞美宝丰酒。历史的发展，造就了宝丰“清香纯正、绵甜柔和、甘润爽口、回味悠长”的清香型品质口感。

传说中，仪狄造酒于“汝海之南，应邑之野”，该地经考证就是当今的宝丰县。宝丰县酿酒历史悠久，在宝丰出土的3000多件陶酿器、盛酒器与饮酒器为此提供了确切的历史物证。从夏禹时期的仪狄造酒，到隋唐酿酒业的长隆兴旺，及明清时候的留香四方……在四千多年酿酒史中，宝丰酿造技艺延续传承。

七十年代宝丰大曲。

1947 年，宝丰解放，当时驻宝丰某部队的排长陈宏达与教师傅惠中，在仓巷街宋乃修私人酒馆的基础上，以“裕昌源”作坊为主，合并其他几家酿酒作坊，筹建了“豫鄂陕边区第五军分区酒局”，这便是宝丰酒厂的前身。

1948 年，县人民政府将“第五军分区酒局”更名为地方国营宝丰县裕昌源酒厂，成为河南省建厂最早的白酒厂家，其产品被命名为“宝丰牌宝丰酒”，另称“莲花酒”。莲花之得名，有一个说法称将宝丰酒点燃后，火焰犹如莲花；还有一个说法，认为此酒香清逸远扬，有类似莲花的芳馨。

宝丰酒厂历经“河南省酿造工业公司宝丰酒厂”“国营许昌专区酿造厂”“地方国营宝丰酒厂”三次更名，最终于七十年代末定名为“河南省宝丰酒厂”。

历史的发展和传统的继承造就了宝丰“清香纯正、绵甜柔和、甘润爽口、回味悠长”的清香口感。二十世纪七十年代的宝丰酒主要采用玻璃瓶型、啤酒压盖；从八十年代开始，有了瓶型各异的瓷瓶宝丰酒，除此之外，还有专供人民大会堂的宝丰酒，形态优雅，较受众多藏家的青睐；九十年代的宝丰酒则主要以金属旋盖玻璃瓶型为主，这种酒从收藏角度来看，性价比较高，用来收藏或自饮均比较合适。

整体说来，除了一些稀缺的陈年宝丰酒种类，八九十年代的宝丰酒相比较其他十七大名酒而言，收藏价格仍偏低。尽管如此，近几年宝丰酒的收藏价值仍然有较大幅度的增长。我个人认为，陈年宝丰酒还有较大的升值空间。

宋河粮液

古来酿酒先宋河，
孔子聚圣醉三天。

八十年代宋河粮液

老子故里，礼德之源。古宋河之滨的宋河酒在1989年第五届全国评酒会上，获得“中国名酒”殊荣。窖香浓郁、绵甜甘爽、口味醇厚，具备豫派浓香的风土特点。

位于古宋河（今大沙河）之滨的河南鹿邑枣集镇是道家始祖李耳（老子）的故乡。相传春秋时期，孔子由曲阜至此问礼于老子，曾酒醉枣集，留下“唯酒无量，不及乱”的箴言。从酒德酒礼的角度出发，宋河之酒颇有历史渊源。宋河这片有着悠久历史的酒产区，终于在二十世纪赢得世人广泛的关注，生产出获得“中国名酒”殊荣的宋河粮液。

八十年代初宋河粮液。

1968年，“鹿邑酒厂”在当地20余家酿酒作坊的基础上建成，酒厂最早生产的酒取名“鹿邑大曲”“鹿邑二曲”。宋河粮液酒则是该厂于七十年代推出的高端品牌，它在鹿邑大曲酒的原料工艺基础上投产。因酒厂坐落在古宋河（今大沙河）之滨，酿酒用水取自河中之水，又因酿酒用粮为当地优质高粱，故取名为宋河粮液。二十世纪八十年代末，酒厂名称也随之更名为“河南省宋河酒厂”。

宋河粮液使用的商标主要有“东方红牌”“鹿邑牌”和“宋河牌”，其中，“东方红牌”使用至七十年代后期；“鹿邑牌”使用至八十年代中期；而“宋河牌”则于1984年左右开始使用。

宋河粮液是典型的浓香型白酒。1981年，在庐山召开的全国名优酒质量检评会上，专家们评价它“无色透明，窖香浓郁，入口绵甜、甘爽，尾子干净”。2012年，我曾在品鉴中心举办过十七大名酒品鉴会，邀请省内多位国家级白酒评委品酒、评酒。品酒会上有一项活动——将八十年代宋河粮液与2012年出品的某款浓香型名酒进行盲品，最终所有专家一致认为早期的宋河粮液酒窖香浓郁、陈味突出、绵甜甘爽，相比我们耳熟能详的四川某些高端浓香型白酒而言，有过之而无不及。

七八十年代的宋河粮液在收藏市场上并不多见，这许是该酒在早期产量不高所致。到了九十年代末期，宋河粮液则以低端品主攻市场，这些酒留存至今，算不上是质优的藏品，用来品鉴倒是不错的选择。

沱牌曲酒

射洪春酒寒仍绿，
极目伤神谁为携？

八十年代沱牌曲酒

沱牌曲酒为浓香型白酒，是四川名酒“六朵金花”中的一朵——芬芳四溢，名驰剑南。“春酒”“谢酒”“火酒”“咂酒”，是沱牌曲酒一脉相承的渊源，它们历经变革、更新与重生，最终形成如今的沱牌曲酒。

北纬 30 度 9 分，这一神秘的纬度是世界公认的酿酒中心地带，靠近这一纬度的区域，拥有世界公认最适宜酿酒微生物富集繁衍的生态环境，也聚集着四川的名酒，人们将它们亲切地称为“六朵金花”——五粮液、泸州老窖、郎酒、剑南春、全兴大曲以及沱牌曲酒。

出品沱牌曲酒的射洪县，自古便以酿酒著称。杜甫曾游此地，留下了“射洪春酒寒仍绿”的诗句。春酒为何绿？春酒为谁寒？——射洪之酒从此在历史的书卷上留下浓墨重彩的一笔。无论是唐诗中的“春酒”还是明代名噪蜀中的“谢酒”，抑或清代民间酿制的“火酒”“咂酒”，这些都是沱牌曲酒一脉相承的渊源，它们历经变革、更新与重生，最终形成了如今的沱牌曲酒。

沱牌曲酒近代的前身源于“金泰祥糟房”。1911 年，沱镇酿酒世家李吉安引龙澄山沱泉水为酿酒用水，酿制大曲酒，泉香酒洌，一时享誉国内外。1945 年，李吉安聘知名曲酒技师郭炳林，创建“曲酒作坊”，于 1946 年将此酒命名为“沱牌曲酒”，并以石印商标为记。

1951 年，当地政府在“曲酒作坊”的基础上，成立“国营射洪县曲酒厂”，沿袭传统工艺，酿制沱牌曲酒。1988 年，为使酒名与厂名统一，将厂名改为“沱牌曲酒厂”。

曾经的沱牌曲酒如今却渐渐地淡出了人们

二十世纪八十年代中后期 沱牌头曲。

二十世纪八十年代中后期 沱牌大曲。

二十世纪八十年代 沱牌二曲。

二十世纪八十年代中后期沱牌二曲。

1984年金沙酒。

的视线，取而代之的是酒厂推出的高端白酒“舍得”，酒厂的厂名也由此更名。然而，收藏界却未因此淡忘沱牌曲酒，作为一款老牌的四川名酒、中国名酒，沱牌曲酒的存世量小，这无形中促使收藏沱牌曲酒的价格一直稳中有涨。有一些早期的沱牌曲酒更是难得一见，极为稀缺。

收藏沱牌曲酒，还可以收藏其头曲、大曲、二曲、金沙酒等系列酒。这些系列酒如若能自成体系，则丝毫不逊色于沱牌曲酒本身。

起窖

收藏

走进老酒的大千世界

了解基础知识后，我们开始走进老酒收藏。当我们决定着手收藏老酒时，行话便是必备的常识。不仅如此，了解目前市场上常见的造假手段和假老酒，更可令我们少走弯路。

收藏老酒，你必须知道的行话（一）

三百六十行，行行有行话。

曾有人说：“三百六十行，行行有行话。”一点不虚。黑道上的行话叫黑话，《智取威虎山》里座山雕的一句“下山宰了羊，回来过个好年”便是道地的黑话。古董行也有行话，它们有老有新，有些还分南北。不了解这些行话，则暴露新手身份，难免吃亏上当。老酒收藏界自然也不例外，除了沿袭古董行中的一些行话，如“包浆”“做旧”“一眼货”“捡漏”等之外，还增添了不少本界自有的特色行话。

品相不同的两瓶酒，价格则是天壤之别。

品相

品相是收藏老酒必知的行话。它指的是老酒收藏品的保存完好程度。老酒的品相，取决于以下几个因素：外观是否整洁；瓶标是否完整；封口（封膜）是否完好；是否有原装的外盒；当然，有关品相最重要的是，瓶中的酒是否保存得当，是否酒液未挥发。

一件品相有别的老酒，其价格也会有极大的差异。如一瓶二十世纪八十年代产的地方国营茅台，品相完好的市场参考价在3万元左右；而封口受损、跑酒严重的，有时数千元即可买到。

包浆

在古玩界，包浆指的是随着时间推移，古玩器物表面形成的一层保护膜。它是品鉴老器物的一个重要审美指标，对断定古玩的生产时代（简称断代）有一定帮助。

在老酒收藏界，包浆则指的是经过长年累月，酒标与酒瓶结合处形成的一层特有的历史痕迹。

与古玩界一样，包浆是断定一瓶老酒真伪的参考标准之一。一瓶历经数十年仍然光洁如新、浑身上下没有任何岁月痕迹的酒，通常来说是可疑的；当然，也不排除在收藏环境和条件较好的情况下老酒能得到妥善保存的情况。但总体而言，老酒的包浆痕迹是惯而有之的，人上了年岁眼角难免留下皱纹，何况老酒乎？

在老酒收藏界，包浆指的是经过长年累月，酒标与酒瓶结合处形成的一层特有的历史痕迹。

一眼货

一眼货是古玩界常用的术语。一件古玩，倘若它的造型、艺术手法、材质等最容易为人们所识别的部分都非常明晰，毫无疑点，行家看一眼便可以直接判断，则被称为一眼货。老酒也是如此，那些一眼看过去老味十足，瓶身包浆完美、整体感觉协调、浑身上下都透着“真”字的老酒，被行家称为“一眼货”。

垃圾酒

从二十世纪末开始，酒精勾兑工艺盛行，生产酒的厂家良莠不齐，不仅如此，即使是名酒厂也会生产酒精勾兑的低端系列酒。一时间，市场充斥着酒精勾兑酒、低端系列酒。这些当年的低端酒保存至今，也成了老酒。

然而，这种类型的酒究其本质，均为食用酒精勾兑的低端产品，因此即使收藏十数年，它们仍然不具备太大的饮用价值。这种类型的老酒被称作“垃圾酒”。

垃圾酒的饮用价值不高，也没有文化收藏价值。然而，市场上有些老酒商利用消费者不懂老酒的心理，往往还将垃圾老酒卖高价。我曾遇到过一位读者，耗资 20 余万元，高价买了一堆这样的垃圾酒。老酒商如此卖酒，实在可恨！倘若买入此种垃圾酒，不仅没有较大的升值潜力，反而要承受经济损失。

跑酒

跑酒，是收藏老酒不可避免的现象，也是最常用的老酒行话之一。也有不同地域的老酒藏家，将跑酒称为“飞酒”。它指的是有些酒保存不好，尽管酒瓶没有开封过，但是瓶里面的酒液挥

同样的酒，左边比右边跑酒严重。

发，一年比一年少。跑酒往往是酒精挥发的结果。

跑酒有程度之分，有些高度酒，尽管有部分跑酒，但仍然没有失去其风味，酒体的感觉反而因为岁月的沉淀而更为醇厚；而一些跑酒严重的酒，往往容易出现酯类物质水解并导致口味寡淡，失去白酒固有的特性。这种类型的老酒，饮用价值也不高。

总而言之，轻度的跑酒并不意味着酒失去了价值。相反，跑酒是收藏老酒极易遇到的一种正常现象。

酒花

酒花并不仅仅是老酒术语，它也是酒界必知的行话。在酿酒业，酿酒人把白酒蒸馏过程中，水、酒精由于表面张力的作用而溅起的泡沫，称为酒花。通常情况下，不同度数的白酒，酒花的大小和停留时间也不同。而这种对酒花大小及停留时间、消散速度的判断，则成了收藏老酒判定酒精度数甚至酒真伪的重要考量标准。

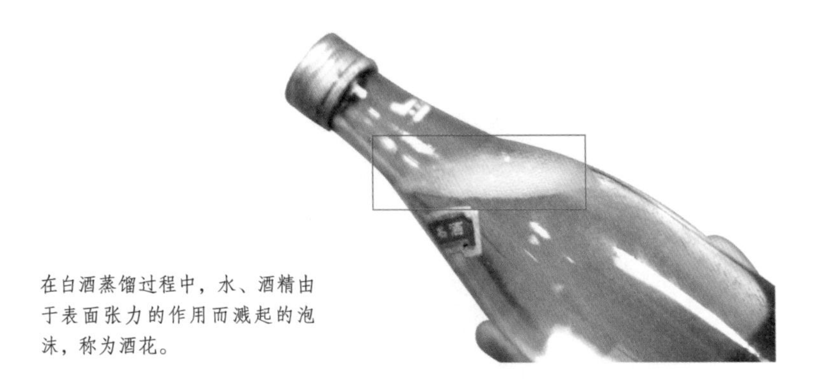

在白酒蒸馏过程中，水、酒精由于表面张力的作用而溅起的泡沫，称为酒花。

有经验的老酒藏家，摇动老酒瓶身，细细观察老酒酒花的大小、清亮度、消散速度和停留时间，便可大概判定酒的度数。通常情况下，酒花如果均匀分布、消失速度较慢，且在消散的过程中，酒花有一些黏稠感，那么这种酒则会被认为是优质的高度酒。

然而，这种单凭酒花判定酒的优劣，也是有失偏颇的。不同香型的老酒，其酒花的表现也有所不同。尤其是清香型白酒，即使存放数十年，酒花仍然相比较浓香、酱香的老酒消散得更快，所以，以酒花判定酒度不是放诸四海皆准的。

与封口有关的行话

有关酒的封口描述，同样也有不少行话。从历史的角度来梳理，瓶装酒封口主要有以下几个类型：

1. 木塞。以木塞塞酒，应该是瓶装酒最早使用的封口形式。

2. 压盖。又称啤酒盖，是一种采用啤酒压盖封口的工艺技术。

木塞
“文革”时期

压盖
七十年代

塑盖（短）
八十年代

旋盖
九十年代初

旋盖（长）
九十年代末

3. 塑盖。指的是酒瓶采用塑料盖进行封口。二十世纪七八十年代的酒厂普遍采用塑盖，大部分酒在塑盖外，还会采用一层封膜。

4. 旋盖。指酒采用金属铝旋盖封口的技术。旋盖酒始于二十世纪七十年代左右，但大规模在国内酒厂使用，应该是在二十世纪九十年代左右。

除木塞、压盖、塑盖、旋盖外，酒的封口还有玻璃盖以及近年来较为流行的高分子盖。

与酒瓶材质有关的行话

老酒瓶的材质不外乎以下几种：玻璃瓶、陶瓶、瓷瓶。这些材质在手感和色泽上有较大差别，容易区分。然而，白玻璃瓶与白瓷瓶，却让很多新手藏家犯了难。

白瓷瓶简称白瓷，又名白釉陶瓷。在二十世纪八十年代以及九十年代初，它作为一种高端瓶型出现较多。白瓷瓶的特点是不透光，通过各种强光手电无法打透到里面，看不到里面的酒花。

白玻璃瓶简称白玻，尽管与白瓷瓶看起来在外观上几乎一模一样，都是白色，但白玻璃的本质是乳化玻璃。白玻璃瓶的酒瓶外一般会有一条合缝线，它的瓶体光滑，有光泽。用强光手电照过去，可以看到酒瓶中的酒液线，茅台酒的酒瓶便是典型的白玻璃瓶。

分辨白瓷瓶和白玻璃瓶最简便的方法是用强光手电照射瓶身，上图为白瓷瓶（不透光），下图为白玻瓶（透光）。

原箱

原箱指的是老酒在当年生产时的外箱包装。这些箱子和箱子里的老酒共同保存至今，见证了数十年的岁月蹉跎。对于二十世纪八十年代左右生产的老酒而言，由于当时物资紧缺，老百姓买上一两瓶老酒便已经非常不易，更不要谈买上一整箱了，因此，原箱酒非常少见。相比较市场上同款单瓶酒而言，原箱酒的总价值更高。不仅如此，有些老酒商甚至直接将老酒箱子单独出售，且价格不菲。

因此，如果家有原箱老酒，尤其是九十年代之前的原箱老酒，请妥善保存原箱。

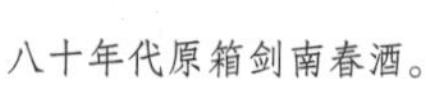

八十年代原箱剑南春酒。

老酒行话（二）：与造假有关的行话

了解造假，从了解造假术语开始。

对于老酒收藏而言，我们正进入一个最好的时代，然而，正如狄更斯百年前说的那句话："这是最好的时代，这是最坏的时代。"正是在这个时代，我们见证了老酒收藏从兴起到繁盛的过程。这种繁盛不仅未有所衰减，反而随着大众认知的提高，而越来越得到认可。然而，我们同样在这个时代里看到了老酒收藏的另一面——可怕的造假。

了解造假，从了解造假术语开始。

真酒仿冒造假，防不胜防

以真酒仿假，指的是用真的老酒酒瓶或酒标来造假。这种类型的造假方式通常成本比较高，因为制假者需要找到真酒包装，所以真酒仿假较常见于高端藏品。以真酒进行仿冒的制假方法不外几个：打孔、后封膜、后压盖、后贴标。

打孔：如前文所说，老酒品相决定价格，一瓶不跑酒的茅台与跑酒的茅台酒差价甚至数倍。于是，造假者会在跑酒的老酒身上做文章。他们在瓶子上钻孔，然后注入酒，增加酒的重量，以期售出高价。这种手段主要出现在茅台酒上，但随着老酒价格一路飙升，目前千元左右的老酒上也开始出现打孔痕迹。

后封膜：后封膜也是一种利用真老酒进行造假的方式。某些

造假者会在一些不显眼的位置钻孔，如酒标后、飘带下、盖顶和盖侧面等。这些地方通常容易被收藏者忽略。

后封膜的酒，封膜往往不具备历史感。

原本有封膜的老酒经常会出现跑酒现象，造假者便会撕掉原来的膜，重新注入部分酒，以达到品相完美，而后再附上一层膜。

此外，某些七八十年代的老酒因为时间长远，原有的封膜或变脆或脱落，酒的品相和收藏价值受到影响，同时也不利于酒的收藏鉴定。此时，造假者为实现高价销售，重新再封上一层膜以此混人眼目。这便是后封膜。

酒的封膜是一种塑料物质，它长期存放后会发生材质性能的变化：颜色变黄、表面龟裂、光泽暗淡。因此，如果一瓶老酒的封膜异常鲜亮、反光率高，那就很有可能是后封膜酒。

鉴别带有封膜老酒时，可以摸一摸封膜，感受一下它的生硬脆度。真老酒由于保存时间长，封膜会变脆变硬，甚至会有一捏就碎的感觉。最后，可以看酒收口处的氧化程度。正常老酒封膜的收口处会有一些风化的程度，但这种变化比较自然。而一些假的后封膜则在收口处人为用烟熏、火烤的方式故意让收口处变黑、发黄。

后压盖：啤酒瓶盖封口自“民国”时期便已存在。在二十世纪七八十年代，更是国内酒包装的主流。玻璃瓶压盖的酒类产品，很容易被仿制。造假者只需要回收老的酒瓶、酒瓶盖，重新注酒，再以压盖机进行封口，便可以达到以假乱真的效果，这种行话称之为“后压盖”。

后贴标：通常情况下，年份早的酒收藏价格高于年份晚的酒。造假者往往会针对这些酒“狸猫换太子”，将年份较近的酒的酒标去除，转而贴上年代更为久远的酒标。如此一来，一瓶年份原本只有十余年的酒，可以充当年份更早的酒牟取更高的利益。

换标酒：换标酒目前在市场上极为泛滥。我们知道，一瓶八十年代的稀缺老酒，收藏价格动辄数千元。然而一瓶八十年代

一瓶光秃秃的酒，再贴上一枚标，经过造假分子的“技术”处理，一转眼变成了一瓶价值数万元的特定时期的稀缺品。

无标的老酒却只能卖得寥寥百元的价格。造假者自然不会错过这样的制假机会，他们会买来老酒标，将这些老酒标张冠李戴地贴在一些无标的老酒瓶上，如此一来，一瓶“品相完美”“完好无缺”的老酒又一次诞生，售价却比之前高出数倍甚至十几倍。

辨别后贴标和换标酒，可以通过观察酒标边缘的包浆程度、检查纸张的老化状况以及观察酒标上的文字与酒标的融合状况来进行判断。

近两年，国内涌现出一大批老酒藏家，这些藏家入行时间不长，却往往声称自己拥有上万甚至数万瓶珍稀老酒。我曾经在某位新手藏家的“万瓶”展厅发现大量的换标老酒，后贴标、后封膜老酒，那场面简直是触目惊心，令人不忍开口。

总而言之，如何判断收藏的老酒是否有造假的嫌疑，最重要的是必须有真酒作为比对。所以，我建议新手藏家在购买老酒之初，不要盲目下手价格昂贵的老酒，多观察、多比对，再决定购买。

老假酒

2010 年，我首次在国内提出“老假酒”与“假老酒”的概念，一时激起了广泛的讨论。有人说我在玩文字游戏；也有人认同这种归类，认为这种归类可以很明显地看出“假”的方向。

老假酒，又称老仿，指的是过去做旧的假酒。

老假酒包含两层意思：其一，是假酒；其二，是老的假酒。顾名思义，酒是老酒，可惜是老的“假酒”。它通常指的是早期生产的假冒产品留存到现在。举个例子来说，九十年代时国内有大量造假者生产汾酒，这些假冒的汾酒保存至今，便成了老的假酒。虽然这些假冒的汾酒和同时期生产的真正的汾酒一样，从出厂至今经历了二十余年，但它们假酒的本质在二十年被前制造出来时就已被定性。

相比较下文提到的假老酒，老假酒的数量还不算多，但主要以名酒为主：茅台、郎酒、剑南春、董酒、泸州老窖等等都是老假酒的重灾区。

区分老假酒的方法也很简单——与真酒进行比对。早期生产的老假酒，通常情况下受到造假设备的局限，其印刷质量、精致程度、封口、酒瓶、酒标材质都较真品有一定差异。如您用心比对，一定能发现其中差异。

假老酒

假老酒，又称新仿或后仿，其侧重点完全在“假”字上，意为假的老酒。换言之，它指的是后人仿造出来的所谓老酒，实则完全是新酒做旧。不仅酒是假的，而且根本不存在“老”的特点。这好比古玩界里瓷器做旧，彻头彻尾是仿冒产品。

假老酒分为两种：一种是针对已有的老酒品牌进行仿假；还有一种更为奇葩，是根据自己的想象力臆造出一些莫须有的老酒品种（这个在下篇中将着重叙述）。本文中，我们来谈谈第一种。

十七大名酒往往是假酒制造商重点关注的品类。目前市场上较为流通的新仿假老酒，常见者有茅台、五粮液、剑南春、郎酒、泸州老窖特曲、西凤。除此之外，诸如习酒、鸭溪窖、杜康也在假货市场频频出现。

这些酒通常有一些共性：人为做旧的痕迹明显。造假者往往会用浓茶水、酱油水熏酒标，以此给假酒标附带上一层“历史”

的陈旧感。不仅如此，他们还会把仿制出来的假老酒放在潮湿的地方人为让它们发霉。为了制造出老酒的“真实感”，他们还会在酒标的一角故意制造出一小部分脏污的区域。

假老酒看多了，您便会发现它的一些共性：酒标人为做旧、封口人为腐蚀。这些假老酒往往成本不过十几元，不明就里的消费者却为此花上几倍甚至几十倍的价格。

无论是真酒仿冒，还是假老酒、老假酒，倘若您能够细心与真品进行比对，一定会发现不少端倪。老酒真伪的鉴别，不在于听卖酒之人讲的动人故事，而在于比对细节。

这些假老酒，你都喝过吗？

生命诚可贵，远离假老酒。

一组假老酒

纵观历史，造假制假绝非今世专有。两宋时期，经济活跃之余，造假贩假更是盛行。南宋大学者王应麟便在《困学纪闻》中记录道：“今市中货物奸伪，无过于汴京。”老酒行业亦没有逃过造假者的魔爪。

两宋时期的奸商们以铜充黄金，以铅铸银锭，以树充檀香，以水掺美酒。明清时期更是造假之盛世，卖花人一担花，灿然可爱，却无一支是真花。杨梅用大棕刷弹墨染成紫黑色，老母鸡插长尾，转而变身长毛野鸡。

卖酒掺水更是常有之事，这也无怪乎“民国”时期一些口碑颇好的家族传承酒坊为了确保酒质，会在瓶标上注明“凡有掺水造假者，男盗女娼”。盛世之下，往往造假猖獗，利益驱使罢了。

但凡造假，一定有利可图，有些甚至利润奇高。新酒造假则以仿茅台、五粮液等名酒为主，这些酒售价动辄几百近千，有利可图。只是近年来听说几十元的酒也有人仿冒，虽然这种仿冒不符合市场规律，但一想这些几十元酒的走量，量大利润足，也就合情合理了。

老酒行业亦没有逃过造假者的魔爪。前文中提到的后贴标、后封膜、打孔都是常见的制假的手段，鉴定这种以真瓶制假的情况，需要丰富的经验，对于普通藏友来说，确实是不小的考验。

本文将专门介绍后仿臆造的“假老酒”。它们曾在市场上创下年销售数亿元的销售奇迹，祸害了不少消费者。

假老酒鼻祖——茅浆窖

假老酒的鼻祖，名为“茅浆窖”，造假者利用消费者不了解老酒的信息空缺，造出了这款生产年份 1987 年、生产厂家名为“茅台酿酒第一分厂”的假酒。

【酒瓶信息】生产厂家：茅台酿酒第一分厂；生产年份：1987 年。

假老酒的鼻祖——“茅浆窖”。

【实际信息】生产厂家：某个不为人知的小作坊；生产年份：现在。

你喝的不是酒，是调料

茅浆窖这款酒在市场上盛行了五六年。彼时我在江西本地的主流报刊上开设“曾宇话酒”专栏，有一位读者专程来拜访我，并带来一瓶茅浆窖，说是茅台酒厂在80年代生产的酒，花了一万元购买。我告诉他，茅台史上从来没有这样一款酒，茅台也从来没有“酿造第一分厂、第二分厂”之说。这是一款彻头彻尾的假酒：莫须有的历史，莫须有的厂家，莫须有的品牌，莫须有的酒。

据说造假者制造这“一万元”的茅浆窖，一开始的酒质还算过得去，后来在市场上广泛推广后，销量上来了，酒质便顾不上了，找点酒精香精香料兑兑，变成了可以成箱批发的产品。

稍有常识的消费者会知道，老酒成件已非常难得，如能成件批发，而且所有的酒都是同一天生产的，在逻辑上是说不通的。这些批发价为 16—20 元的产品在网络上大肆销售，很多都是被一些烟酒店购得，然后拿去忽悠不明就里的老百姓。

作为一款酱香型酒，售价仅十几元，成本多少可想而知。造假者为了达到老酒的口感，又不知会在该酒中添加多少有害的添加剂。有人曾对我谈起茅浆窖的口感：“酒黄、入口甜、酱香味足、有回味，但是喝了头痛。”我则调侃道：“你喝的不是酒，是调料。”

鞠躬尽瘁的造假手段

令人瞠目结舌的是，在网络上搜索“茅浆窖”，竟然在某百科中赫然看到造假者为这款酒编造故事、杜撰历史，殚精竭虑地与茅台攀关系。

如此言之凿凿地通过网络平台发声，不知害了多少普通消费者。更可笑的是，网络上还可以见到各种有关茅浆窖的软文，一些知名的拍卖公司还曾经力推这款酒，拍卖价格从数千到数十万不等。造假者为了这款酒，真是“鞠躬尽瘁”了。

在此，我郑重地告诉读者朋友，茅浆窖是一款彻头彻尾的假老酒！所谓的“茅台一分厂”，所谓的与茅台的沾亲带故，全部是由造假者凭空捏造出来的。

茅浆窖的兄弟姐妹们

茅浆窖的故事绝非个例，泛滥市场上的假老酒还有很多很多。这些造假者往往具备一定的老酒常识，他们利用信息空缺，制造出对老百姓有吸引力的假老酒。赖茅便是最有代表性的一个，尤其一款两斤装的97香港回归赖茅，不知道骗了多少人。

有关赖茅的悠久历史，确实是不争事实，我们熟知的茅台酒，前身为三个酒坊——荣和烧房、成义烧房以及恒兴烧房，其中荣和烧房酿造的酒简称王茅，成义烧房酿造的酒简称华茅，而恒兴烧房酿造的酒则称赖茅。

赖茅之所以为人所知，源于2011年保利春拍会上一瓶三十

形形色色的臆造假酒。

年代的“大鹏牌”赖茅拍出了 264.5 万的天价。造假者沿着这样的历史思路，无所不用其极，将赖茅莫须有的历史大肆宣传。实际上，无论是 1997 年庆祝香港回归的“回归赖茅”，还是庆祝开国大典的 1949 年赖茅，甚至是直接仿造“大鹏牌”生产出来的赖茅，都与历史上的赖茅毫无关系。这些仿制的酒尽管做工十分低劣，人为做旧非常明显，却堂而皇之地骗过了成千上万的消费者。

不仅如此，依托“茅台”“地方国营”的概念，造假者还开发出了不少其他假老酒，如人民公社酒、为人民服务酒、酱香老酒等等。这些假老酒肆虐酒界，引无数消费者掏腰包。

令人欣慰的是，经我的公众号“陈香老酒”撰文披露这些在市场上泛滥的假老酒，一时间引起国内媒体的广泛转载、转发，并引起淘宝等电商的广泛关注。如今再度网上搜索，这些酒已经消失无踪。然而在一些偏远的县城，这些酒仍然肆虐，所以最后提醒我的读者们：**生命诚可贵，远离假老酒**。

古董专家，别来祸害老酒界了！

老酒业呼唤良知，
别让它陷入信任危机。

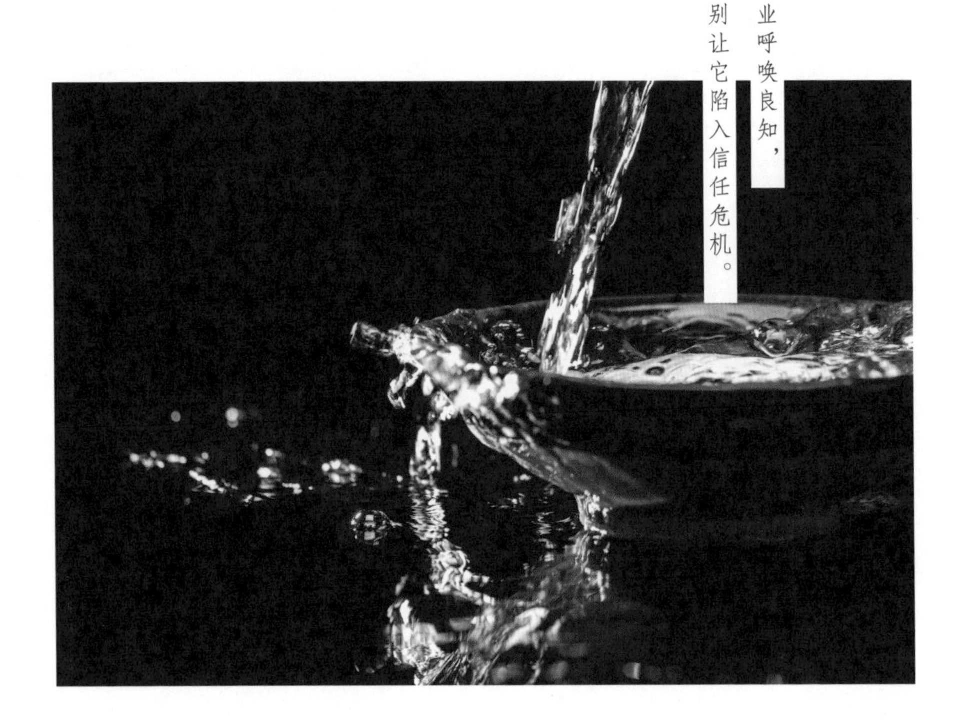

不知从什么时候开始，古董界的专家们也开始在老酒圈里跃跃欲试，希望一展拳脚。然而，令人遗憾的是，老酒圈里造假的高手们如今造出的假酒竟然能瞒天过海，躲过专家们的火眼金睛。

网络上有一个标题为“老将领抗日战争留下来的晋裕老酒，82 年拉菲都比不上”的视频。酒是一位年轻小伙子带到某节目现场的，在座的还有几位知名的文物鉴定专家。小伙子向观众讲述了他的爷爷曾作为一名国民党抗日将领浴血奋战的动人故事，称带到现场的两瓶酒是近两年翻新房子的时候发现的。尽管小伙子讲这个故事的时候，明显有些底气不足，然而，大部分的观众、主持人及嘉宾显然已经被这样的故事深深打动。

现场鉴定的过程中，有一位江苏的知名文物专家根据酒瓶的产地以及市场参考价，判定这枚上面印有“晋裕公司”以及“抗日到底，慰劳将士”的酒参考价格 15 万元。彼时，小伙子露出了欣慰的笑容。

这是一瓶有“故事”的酒

乍一看到这瓶所谓的“民国”时期晋裕公司出品的抗战定制酒，我就知道它是假酒。结合我所收藏的诸多汾酒厂的早期藏品，

被带到节目现场的“假酒”。

以及对汾酒厂、晋裕公司的历史了解，晋裕公司从未生产过类似的产品，它实则为彻头彻尾的假酒。然而，这样一瓶原本只值数百元的假酒，它的器型、釉质、图案、文字、封口却能够得到古董专家们一致的肯定，并且还被鉴定为价值15万的老古董，着实令人费解。

“民国”时期的杏花村酒坛。

不知从什么时候，古董界的专家们也开始在老酒圈里跃跃欲试，希望一展拳脚，然而，令人遗憾也令人“振奋”的是，老酒圈里造假的高手们，如今造出的假酒竟然能瞒天过海，躲过专家们的火眼金睛。

这瓶酒在老酒圈稍有经验的藏家眼中，不过是一瓶造法拙劣的低仿酒，然而，它就这样招摇地登上了电视台，骗过了古董专家，还堂而皇之地以“超过拉菲”的噱头登上了头条。这是专家们的走眼，还是古董界的悲哀？

此次古董专家们的跨界鉴定，成了老酒界的一个笑话。然而，嬉笑之余，更应该令老酒人警惕的，是各种各样的假货、假故事以及由此带来的信任危机。

痛定思痛，造假者挑战老酒信任度

近几年，老酒作为可以喝的古董，得到越来越多的普通消费者认可——喝厂家新生产的年份酒，不如喝地地道道早期生产的老酒，这样的理念如今已深入人心。

诚然，与中国成熟的白酒市场相比较，老酒还处在萌芽阶段，但它因为有历史、珍贵、稀缺而被老百姓越来越认同。令人遗憾的是，这种广泛认知的背后，却是别有用心的制假者在不断挑战老百姓对老酒的信任度。

2015 年，我曾经著文揭露在某网购平台上泛滥的假老酒，致使该类型假酒产品跌落“神坛”，此后几乎绝迹。未曾想到，造假者如今将目光投向人们不甚熟悉的清朝、“民国”酒，而这些酒由于年代久远、不为人所知，且有着极高的溢价和利润空间，不知有多少不明就里的消费者深受其害！

呼唤良知，老酒圈需要健康发展

如前文所见的所谓“民国”时期晋裕公司生产的抗战酒，我在某网店里看到过（如今已下架），在一些交易网站里看到过（售价不过数百元），还在某位资深藏家的博物馆里看到过。我还曾在国内某知名藏酒博物馆“有幸”看到一瓶清代康熙年间的老酒，甚至听闻一瓶大明成化年间的青花虎骨酒。不仅如此，还有各种标记着“赏赐”的据称是皇亲国戚御封骨灰级老酒。我们听到的老酒故事越来越精彩……

一瓶瓶被现代人制造出来的假老酒流向市场，一个个编造的故事在酒桌上传播，一浪接一浪的虚假价格挑战人们的认知底线……

老酒业呼唤良知。恳请古董专家们嘴下留情，恳请造假者们手下留情，恳请售假者们刀下留情。“老酒”这个好不容易兴盛起来的收藏类别，千万别就这样毁在了我们这一代人手中。

老酒行话（三）：名酒里的约定

学好老酒行话，
问遍天下老酒都不怕。

七十、八十、九十年代四特酒

“老板，你这有五粮液老酒吗？”

“有！萝卜和麦穗，你要哪种？”

……

如果您去老酒铺买老酒，也许会遇到上面这段对话里的情况。不了解行话，在选购老酒时容易露怯，暴露出菜鸟收藏者的本质。本文中，我们便来谈一谈知名老酒里的行话。

有关茅台的行话

老茅台之于老酒界，正如茅台之于中国酒界。无论从认知度到收藏价格，老茅台均可在酒界、藏酒界傲视群酒。老茅台的行话颇多，从“三大革命”“葵花”到“大飞天”“地方国营”“铁盖”，再到“黑酱”“黄酱”，都是收藏茅台的朋友必知的关键词。

“葵花”、“三大革命”、“三大葵花”

茅台酒常令人津津乐道的是它在“文革”期间的变化，藏界俗称的“三大革命”“葵花”“三大葵花”便与这一历史时期有着紧密关联。

“文革”时期，用于出口的“飞天牌”商标因为采用敦煌壁画上的飞天图案有“四旧”嫌疑而被停用，取而代之的，是“葵花向阳心向党”的“葵花牌”注册商标。

与此同时，用于内销的“五星牌”茅台酒，则在背标上标注

“文革”时期用于出口的葵花牌茅台酒。

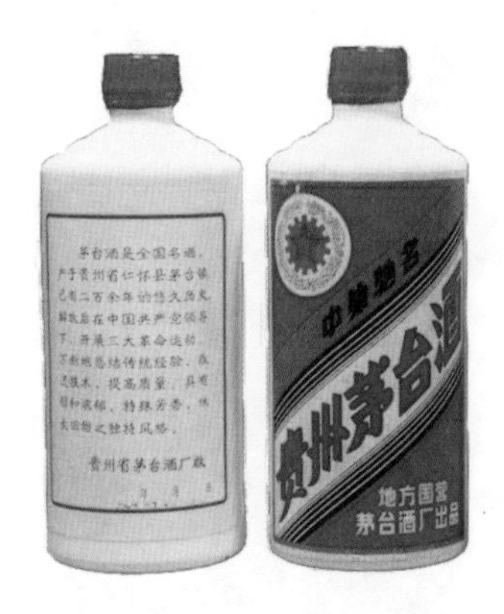

八十年代初，内销的“三大革命”茅台（“五星牌”）。

1978 年，三大葵花茅台（注册商标为“葵花牌”，背标有“三大革命”字样）。

“三大革命”字样——茅台酒是全国名酒，产于贵州省仁怀茅台镇，已有二百余年的悠久历史。中华人民共和国成立后，在中国共产党领导下，开展“三大革命”运动，不断总结传统经验，改进技术，提高质量。

由此，外销的“葵花”、内销的“三大革命”之名随之产生。

“文革”结束后的1978年，二十万张曾经取代“飞天牌”商标的“葵花牌”注册商标被允许用在内销的酒上。而此时的内销茅台，正标采用“葵花牌”，背标仍然沿用“三大革命”标，藏界称之为“三大葵花”酒，该酒由于仅在1978年生产，因此稀缺而难得。

地方国营

1982年10月左右，五星茅台酒停用了“三大革命”的背标，“三大革命”茅台至此结束，此时的茅台酒外包装仍然沿用

八十年代地方国营茅台酒。

二十世纪六十年代左右开始采用的棉纸包装，俗称“地方国营”。地方国营茅台酒的生产一直持续到1986年9月，茅台酒厂自此将厂名改为“中国贵州茅台酒厂”，“地方国营”从此退出历史舞台。

值得一提的是，尽管1982年至1986年生产的茅台被人们称为“地方国营”，但事实上，内销和特供牌五星茅台酒从二十世纪五十年代中期开始便一直在采用“地方国营茅台酒厂”作为瓶身上酒厂名称。举个例子来说，之前我们提到的“三大革命茅台”，它的正标上酒厂名称同样是“地方国营”，但由于“三大革命”标志性更强，所以大家都接受了“三大革命”的说法。所以，地方国营严格意义上说并不严谨，但却是一种约定俗成的说法，它特指的就是1982年至1986年间生产的带有“地方国营茅台酒厂”厂名的绵纸茅台。

大飞天

茅台酒的外销系列可分为以下几个阶段：1953年到1966年，茅台酒采用“飞天牌”注册商标，白色瓷瓶，棉纸包装，带飘带；1967年到1974年，采用“葵花牌”注册商标，瓷瓶换成了白色玻璃瓶，外包装改为纸盒装。

从1975年到1984年，“飞天牌”注册商标取代“葵花牌”进行出口外销，当时的酒瓶容量为540毫升。这个时期的飞天茅台酒，不仅容量更大，酒标上的飞天注册商标也更大，藏界称之为“大飞天”。

1983年12月，贵州省粮油进出口公司下文：从1984年1月开始，茅台酒外销包装的瓶盖全部改用铝盖，取消原来的丝带和小标签。从 1985 年开始，外销酒早于内销茅台先行采用铝盖。从 1986 年 9 月 1 日开始，外销茅台容量改为 500 毫升，结束了 540 毫升“大飞天”的历史。1987 年后，外销的铁盖飞天茅台在金属盖外面加封了红色塑料封膜，行话“红皮”。

八十年代初 540 毫升大飞天茅台酒。

铁盖茅台

1986 年 8 月，茅台酒厂接到上级通知更改内销酒的包装，不仅容量由 540 毫升更改为 500 毫升，背标也相较地方国营更小；更重要的是，原有的塑盖封口改为铝盖封口，行内称之为“铁盖茅台”。1986 年后期，内销茅台酒取消棉纸包装，取而代之的是纸盒包装，从此，迎来了 500 毫升铁盖茅台的时代。

八十年代铁盖茅台酒。

在人均工资每月不到百元的 1987 年，一瓶铁盖茅台的售价是 18.5 元。1988 年 8 月，中共中央政治局在北戴河召开第十次全体会议，并通过了《关于价格工资改革的初步方案》，同年，国家开放了 13 种国家名酒的价格，茅台酒随之进入市场，消费者可以随意购买，中国的白酒行业进入了市场经济时代。彼时茅台酒价格一跃变成了 140 元，这样的天价在当时的人看来，同样是可望而不可即的。

黑酱、黄酱

酱茅，是一种特殊的存在。

中华人民共和国成立后，茅台酒生产最初的雏形是便是酱色三节型土陶瓶。尽管外销的茅台酒瓶自六十年代开始便使用白玻璃瓶，但为了区分方便，内销的茅台酒一直延续使用土陶瓶包装至二十世纪七十年代初期。

酱色的陶瓷瓶茅台酒再一次出现在人们面前，是在二十世纪八十年代初。然而，这个酒绝非普通老百姓可以消费得起的。它采用了黑褐色釉面，相较之五六十年代的土陶瓶，在工艺上有了极大的进步。这种酒专供人民大会堂和钓鱼台国宾馆，成为国宴特需用酒，从此拉开了“特需茅台”的序幕。

特供茅台又分“黄酱”和“黑酱”。1985 年前，特供茅台采用的通常是浅黄釉色陶瓷瓶，俗称黄酱。它们的注册商标通常是“五星牌”和“飞天牌”，其中，飞天牌茅台特供酒在国宴中通常作为外国元首饮用之酒，因此在特供酒中级别最高。“飞天牌”黄酱和“五星牌”黄酱，外观上有所不同，为出口需要，“飞天”

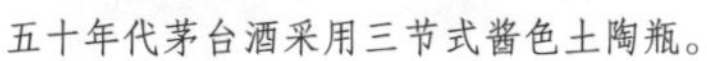
五十年代茅台酒采用三节式酱色土陶瓶。

八十年代飞天牌“黑酱”。

黄酱的正反标签均有英文，酒标的外观设计更与国际接轨。而“五星牌”黄酱则无论从版式设计还是字体选择方面，均更加复古传统，可谓各有千秋。

黑酱茅台的出现晚于黄酱。从1985年年初到1986年，人民大会堂和钓鱼台国宾馆特供茅台酒采用深酱色酒瓶，行话“黑酱”。

黄酱和黑酱的区别：
黑酱的出现晚于黄酱。

珍品

1986年，茅台酒推出由著名包装设计师马熊设计的高端豪华礼盒装，并采用更优质的酱酒。这款以“飞天牌”为注册商标的酒，其最早的一批没有命名，人们根据包装上的印章称之为“一七〇四”。这便是茅台酒厂当时建厂三十余年来推出的第一款高端陈年酒——珍品茅台的雏形。

之所以命名为“一七〇四”，是因为根据《仁怀县志》的记载，茅台镇最早可考的“偈盛烧坊”始于1704年。“一七〇四”茅台生产包装的时间仅有一年，保有量少，存世更是不多。

1986年茅台“一七〇四”礼盒。

珍品茅台文字标志的演变。

1987 年，市场上出现“一七〇四”印章被“陈年”二字取代的茅台。这种酒生产时间很短，面世很少，收藏价值很高，是建厂三十余年来推出的第一款高端陈年酒——珍品茅台的雏形。

“陈年”之后，便是“珍品”。在茅台酒于 1997 年推出三十年、五十年陈酿之前，“珍品”茅台的高端地位象征便随之确立。

八十年代末“珍品”茅台礼盒装。

四大、八大、十七大，不是会议而是酒

有些藏友经常会说:“我收藏了老八大。”在老酒行话中，有不少行话乍听起来像是会议名称，实则指的是“中国名酒”。

四大：又称四大名酒。1952年，第一次全国评酒会上评选出四个国家级名酒——茅台、汾酒、泸州老窖、西凤。此时，五粮液还未恢复生产，所以，在传统的老四大名酒中，五粮液并未名列其中。

老八大：八大国家名酒，即第二届评酒会上评选出的八大名酒——五粮液、古井贡、泸州老窖特曲、全兴大曲、茅台、西凤、汾酒、董酒，简称“老八大”。

新八大：时隔十余年，在1979年第三届评酒会上，西凤、全兴大曲不幸落榜，剑南春、洋河大曲取而代之上榜，成为“新八大”。

十三大：1984年第四届全国评酒会共评出十三种名酒——茅台、汾酒、五粮液、洋河大曲、剑南春、古井贡、董酒 、西凤、泸州老窖特曲、全兴大曲、双沟大曲、特制黄鹤楼酒、郎酒。

十七大：1989年第五届评酒会评出十七种名酒——茅台、汾酒、五粮液、洋河大曲、剑南春、古井贡、董酒 、西凤、泸州老窖特曲、全兴大曲、双沟大曲、特制黄鹤楼酒、郎酒、武陵酒、宝丰酒、宋河粮液、沱牌曲酒。十七大名酒，代表了二十世纪八十年代中国名酒的最高水准，因此亦是收藏界的标杆之作。

五十三优：又称五十三国优。1989年，第五届评酒会召开，155个新参赛的酒样，经五六轮次的编组，最后决出国家名酒17种（金奖）以及国家优质酒53种（银奖）。在这些国家优质酒中有不少是如今我们耳熟能详的名酒品牌，如习酒、白云边、桂林

三花、太白酒等。

事实上，获得“国家优质酒”的品种，并不止53个。它减去了已经获得“十七大名酒”的品牌，如28度的洋河大曲曾获得“优质酒 ”称号，但由于洋河大曲已经获得金奖，因此不再重复计入。此外，它还减去了一些后人发现后感不太正宗的“非粮食酒”，如合肥薯干白酒、沧州薯干白酒，皆被后人认定为饮用价值不高，而被拒之于“五十三优”的门外。

有关名酒的行话，绝非一篇文章可详尽，举例来说，光是董酒，便有不少行间暗语，如“红城董”“红董”“褐董”“白董”“蓝董”。

而五粮液亦是有不少行话，究其注册商标而言，有“长江大桥”“红旗”“优质”；究其外观，有“金标”“双圈”“单圈”“长城”；究其瓶型，有“麦穗”及文章开头提到的“萝卜”。其中，萝卜指的是五粮液老酒的一种玻璃瓶型，它因形似萝卜而得名。

总而言之，学好老酒行话，问遍天下老酒都不怕。

旧宣传画里的名酒。

蒸馏

进阶

轻松进阶老酒藏家

收藏老酒，并非没有风险。老酒投资，并非没有隐患。无论是出于何种目的的收藏，都要从心出发，找准收藏的方向。否则收藏的老酒不仅不会变成一座金山，反而会变成一个无底的黑洞。因此在看本章内容之前，您首先需要自问：为什么要收藏老酒？

你为什么要收藏老酒？

每一瓶老酒，都具备非凡的魅力。

细数下来，从我收藏第一瓶老酒至今，已有不少年头。彼时的我，将老酒收藏作为一项工作之余的兴趣，远没有想到藏品如今会蔚为大观。十年前，我开始尝试着将老酒进行归类整理，渐渐发现手中的藏品开始自成体系：来自北京、天津、河南、四川、贵州等不同省份的酒，每一个省份的酒都有着特殊的地域文化标志；而不同工艺、不同原料的酒则同样有属于它们的历史标签。

中国的酒文化远非白酒可尽揽：那些充满特色的中国特色美酒，有些历史可上溯千年，有些业已失传，成为当地人心中的遗憾。往往只身一人坐在展厅中细细观赏、仔细把玩，不觉便已夜深。这样对老酒的痴迷，我想，一定能得到不少老酒藏家的共鸣。

不同的人收藏老酒，有不同的目的，您是哪一种？

收藏老酒：因它越陈越香

老酒收藏是一种另类的文化收藏方式。它不仅关乎藏品的外观，更关乎其文化、口感与回味。因此，将老酒称为“可以喝的古董”绝不为过。

我曾在第一部拙作《陈年白酒收藏投资指南》中阐述过这样一个观点：二十世纪九十年代中期之前的酒，放到如今已是很多

历史的碰撞：“民国”时期的茅台酒瓶与八十年代地方国营茅台酒。

人心目中的琼浆玉液——那个时代的水是纯净的，粮食是无污染的，酿酒者的心也是质朴单纯的，这样在天时地利人和的条件下酿制出来的好酒，如今喝起来是一种感官和心灵上的双重享受。这也便成就了第一类收藏老酒之人的初衷：好喝。

酒越陈越香，很多人收藏老酒，看中的是老酒的口感。老酒与新酒在香气和口感上的天壤之别，使得很多人一旦喝上老酒，便爱上了那份“陈味”。

收藏老酒：因其升值潜力

近几年，老酒收藏得到越来越多老百姓的关注。人们突然发

九十年代贵州名酒安酒。

现，曾经丢弃在角落里的一些早年生产的酒，不仅口感醇厚，陈味深浓，还具备非常高的升值潜力。陈年茅台、陈年中国名酒拍卖会上屡屡拍出的天价老酒，让人们认识到了老酒的价值和升值潜力。

除全国知名的名酒外，一些地方名酒（指的是在所在省份有一定影响力的地方酒品牌）每年在收藏市场上的价格则以30%—70%的增长速度保持到现在。举个例子来说，2010年时一瓶1991年贵州产安酒的价格大概在100—150元；如今，该酒价格已近600—800元，且由于其市场存量少，在未来价格还有非常大的上涨空间。

值得一提的是，随着互联网新兴业态的发展，越来越多的电子大宗交易平台将目光锁定在老酒的投资上。这些交易平台在推动老酒市场繁荣之余，也直接推动了老酒的价格。

收藏老酒：因其文化价值

从口感、升值潜力出发收藏老酒，这多少显得有些功利。不容忽视的是，很多老酒藏友收藏老酒更多出于对传统酒文化的热爱与认同。很多藏友一开始被老酒口感所吸引，在关注老酒的升值潜力之余，为老酒身上所体现的文化深深吸引，从而成为铁杆藏友。这种类型的藏友，绝不在少数。

收藏是一种文化的回归。这样一句并不见得多高明的话，却又质朴而简单地传达了老酒收藏的文化的价值。这种文化价值体现为老酒种类的丰富：白酒、黄酒、露酒、果酒、药酒，它们中有的曾经独领风骚，有的至今令人念念不忘。老酒收藏的文化价值还体现在它对地域文化的传承上，它回味无穷，一滴酒可以深入到当地风土、乡里乡俗乃至萦绕不灭的乡愁。

当您走进老酒收藏的殿堂，你会发现：原来二十世纪名为“竹叶青”的酒，绝不是只有汾酒厂才生产；而二十世纪七八十年代，四川曾经生产的各式绿豆大曲，竟会如此色泽翠绿、透亮晶莹。不仅如此，每一方土地上的人文和历史都曾深深地渗透进了当地的美酒——山东的孔儒文化、河南的老聃故里在曾经的美酒之上一一尽显，一旦深入其中，便会不自觉地为之所吸引。

这样的收藏，见乎心性。

结语

如果把每一瓶老酒都看作是一件艺术品，那么在它身上体现的，不仅是这瓶酒本身，更是大自然、酿造工艺、白酒文化及地域人文的结晶。

无论是喜欢老酒的传统风味与陈香口感，乐于邀上三五好友品上几杯；或是看中了老酒的升值潜力，将其作为投资盈利之方向；又或是青睐传统酒文化，通过收藏、把玩、细研老酒，还原一段真实的历史人文——老酒之魅力，是不争之事实。

那么亲爱的朋友，你会因为什么收藏老酒呢？

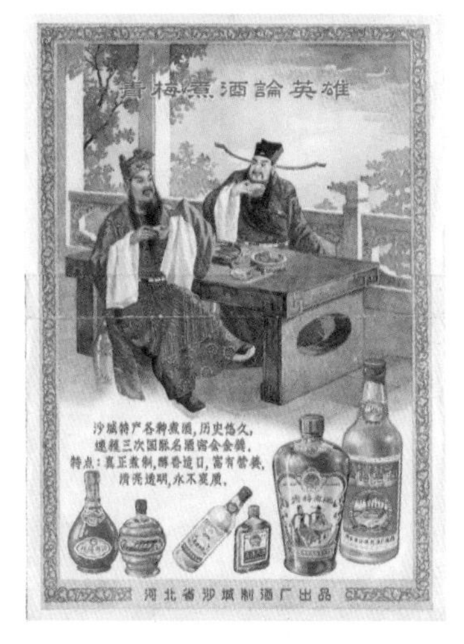

二十世纪七十年代，青梅煮酒宣传画。

老酒收藏的方向建议

收藏老酒，从心出发。

八十年代洋河大曲

收藏市场的日益壮大，使陈年美酒逐渐进入了公众视野。一时间，林林总总的名优老酒让人难辨方向。如何找寻自己收藏陈年美酒的初衷，如何确定收藏酒的方向，如何找到收藏老酒的渠道，这应是很多藏友颇为关心的问题。

在上文中，我将人们购买、收藏陈年美酒的初衷大抵分为三类：或因其口感陈香、有饮用价值；或因其升值潜力，可投资盈利；或因传统文化，具历史回味。诚然，这样的分类并非绝对，很多藏友的收藏目的往往三者兼而有之，既重饮用价值，又重其投资价值及文化价值。针对这三种类型的藏友，我的收藏建议如下：

第一类藏友——关注老酒的口感

老酒越陈越香。陈年白酒绵软不辛辣，入口柔和、醇厚丰满。针对以饮用为目的的收藏人群，建议购买九十年代中期至九十年代末生产的性价比高的陈年白酒，不过这里需要提醒大家，无论是何品牌，都尽量购买传统工艺酿造的，不要购买新工艺、酒精勾兑的老酒。

（1）九十年代末的中国名酒

自1952年至1989年，我国共举办了五届全国性的评酒会，直至1989年举办的最后一届全国评酒会，共评选出17大名酒及五十余种国优酒。这七十余种名酒在二十世纪九十年代应是中国酒界“优质酒”的绝佳代表。这些中国名酒近年来在收藏市场上价格不菲，在不考虑价格因素的情况下，它们具备非常好的饮用价值。值得一提的是，这些九十年代的中国名酒还具备较高的收藏价值。

（2）九十年代中期至九十年代末的地方名酒

每个地方都有属于当地的名酒，在当时勾兑工艺尚不普遍的情况下，这些名酒却均有着较好的酒质，从而具备极高的饮用价值。由于这些酒在市场上的存量越来越少，因此近年来价格一路飙升。一些曾经获得国优、部优、省优称号的地方名酒，其收藏价格甚至超过了同年份的十七大名酒。

(3) 九十年代末的传统工艺优质酒

老一辈的酿酒人，内心是质朴的，他们用当地的粮食、当地的水、传统的工艺酿制纯粮美酒。这些地方酒保存至今，口感醇厚、陈香回味。更为突出的是，它们的价格往往更亲民。一些九十年代末期优质的传统工艺酒，售价往往是数百元。从饮用的角度来说，这些传统工艺酒的口感并不逊色，较之名酒性价比更高。

七十年代竹叶青酒。

第二类藏友——关注老酒的升值潜力

2012年，本人的第一本拙作《陈年白酒收藏投资指南》面世，此书出版后数月之内，书中所列集的陈年白酒价格便有了30%—50%的增幅。

该书加印时，这些老白酒的价格又有了较大幅度增长。如今再次重阅该书，发现其中的大多数老酒的价格现在已增长数倍，老酒增值潜力可见一斑。

以投资老酒、看中升值潜力的出发点来收藏老酒，则更多的应该关注该酒在品牌、酒质、酒龄的综合性价比，建议从以下几个方面出发：

（1）八十年代末至九十年代中期以前生产的中国名酒

近几年，这种类型的名酒由于较高的性价比，存量一直在减少，因此，收藏稀缺度一直在提高，未来应还有较大的上涨空间。

（2）八十年代末至九十年代中期以前生产的地方名酒

酒龄20—30年的地方名酒，其涨幅往往超过名酒涨幅。这些酒由于消耗量大，因此价格一路看涨。

（3）九十年代中期以前生产的传统工艺优质酒

一些有眼力、有鉴别力的藏家通常会选择一些名气不大但酒龄较长、酒质较好的老酒进行批量储存。由于这些酒批量采购的价格往往不高，因此有较大的升值空间。

八十年代的宣传画。

第三类藏友——关注老酒的文化价值

近几年，本人惊喜地发现，因爱好文化而收藏老酒的藏友越来越多。他们收藏老酒的初衷不是投资、不是饮用，而是出于对传统文化、历史传承的钟情。这一类藏友可以为了一瓶老酒一掷千金，但往往由于找不到方向，藏品未成体系，未能使老酒得到应有的文化价值体现。

针对这一类型的藏友，我的建议是体系化收藏。只有藏品自成体系，其文化价值才可得到最大价值的彰显。这一类藏友可收藏成系列的中国名酒，如八大名酒、十七大名酒。

将全系列中国名酒按生产年代进行分类，收藏各时代的中国名酒，梳理其历史脉络、人文价值，则另有一番意义。

此外，还可体系化收藏国家优质酒、商业部优质酒、轻工部优质酒，这些在早期评酒会中获奖的名酒，对于还原该酒历史有着较大的参考价值。

不仅如此，还可以从文化收藏方面对名酒进行分类，达到体系化收藏，比如可收藏某一地域的成系列老酒，或专项收藏早期出口外销的老酒，或以香型分类收藏各种香型的老酒，或以酒的类型分类收藏各种特色的老酒。

从我的个人收藏出发，通常将藏品按酒种进行分类——黄酒、果露酒、药酒、白酒。在每一种类别下，又以产地进行分类，如山东产白酒、台湾产白酒。而在每一种产地的类别下，再以品牌进行分类，如“白酒——山东——国营青岛第一酿酒厂”，这样的体系化收藏，无论对我的文化研究，还是对满足我个人对酒的痴迷而言，都是一种极大的帮助。

新酒收藏建议

老酒毕竟年代久远，有些历史无迹可寻，收藏起来往往让人倍感迷惘。于是很多朋友便将目光转向现当代的新酒，这种“收藏新酒，若干年后新酒也会变成老酒”的思维方式是值得认可的。不过收藏新酒时应该选择投资什么品类，值得商榷。

投资新酒，首先要明确自己投资的目的。有些人收藏老酒的主要目的在于利用闲置资金进行投资升值，甚至炒作获利，这种类型的藏友，我们称之为“炒友”。

针对“炒友”，升值是最重要的功能，其参考标准在于未来是否容易变现。想要批量收藏新酒以备未来升值，最稳妥的路径是：收藏大酒厂品牌的经典产品。如今市场上概念、噱头呼之欲出，往往是你方唱罢我登场，有些更有资本炒作的嫌疑。收藏酒品牌中最经典的产品，至少在品牌价值上更为稳妥，不会出现泡沫一过酒跌下神坛的情况。不仅如此，经典主流产品由于市场认可度高，在未来变现也更加容易。不过，**需要提醒大家的是，稳妥的主流产品投资往往带来的利益是稳步增长的，想要一飞冲天，十年价格翻一倍，这种可能性便微乎其微了**。

老酒价值是稳步上升的，一飞冲天的酒也不是没有，但其中风险与机遇并存。我们都知道生肖茅台和普通茅台酒体相同，但是差价却高得令人咋舌。诸如生肖茅台、机场茅台、贵州大曲纪念酒，它们已经不是单纯的酒，更像是股票。这其中市场的涨与跌，就不是我们能说了算的了。对于这种像股票一样的酒类产品，如果想要花大量资金买入，还是需要看看运气。

有些朋友收藏酒的目的很简单——老酒越陈越香，把新酒进行储备，以便作为自己未来的口粮；当然，如果酒能升值那也是极好的。这一类型的藏友，首要目标是：喝。

对于“喝”友而言，品质是关键词，依据不同价位标准，可以选择买大厂的酒以及买中小厂的酒。

选购大厂的酒，意味着您将面临纷繁芜杂的系列品牌，此时，关注酒的品质最为关键。

这里需要引入一个概念——**“大厂嫡系”**。正如古代名门望族往往拥有正支嫡长系血脉，知名酒品牌也是如此。名酒如五粮液，它的嫡系产品有五粮液（52 度、68 度、72 度）、五粮液 1618、五粮特曲、五粮春、五粮醇、五粮特曲、尖庄等高、中、低端产品。而诸如富贵天下、尊酒、如意结之类的酒，则属于领养的孩子，除了有一个品牌标签，并没有血缘关系。茅台酒同样存在这个问题，它的主流产品是“五星牌”茅台、“飞天牌”茅台，嫡系产品则有茅台王子酒、茅台迎宾酒以及各种茅台年份酒，至于 ×× 庆典、×× 辉煌等以“茅台集团”为厂名的产品，品质则相去甚远。茅台股份优于茅台集团，汾酒股份优于汾酒集团，这在行内已是众人皆知。

在此，我的建议是，“喝”友们尽量买大酒厂本厂生产的酒，这些酒在质量上合格，代表了酒厂的品质水准；而单纯贴牌的酒，很多是酒品开发者自己寻找厂家代工的，在不了解他们背景的情况下，这些产品倘若纯粹为了逐利，则品质较难得到保证。

刚才提到的是大厂酒产品的购买。对于理性的“喝”友而言，大厂主流产品确实好，价格稳定，品质经得起市场考验，可是价格高啊！如果要选择一些中小厂的产品，有没有什么经验可供参考的呢？

近几年，中小厂的发展呈现出两极分化的局面，一些中小酒厂紧抓优势，打造优级产品，呈现出不断上升的趋势；更多的一些小酒厂因为无法顺应市场主流，找不到特有的定位，被市场上大品牌的各种系列产品所冲击，从而销量越见低迷。

购买中小酒厂的酒，同样最看重的是酒质。在中国，几乎每一家酒厂产品都分为中高低端，低端产品高则十几元，低则几元；高端产品少则几百，多则数千。对于中小酒厂的产品，我不建议您购买那些噱头纪念酒、收藏酒，而应以酒厂的品质产品为主，尤其是酒厂以陈年基酒调制的好酒，更是会随着时间的推移而酒质越加完美（小酒厂往往能留下不少好的原浆）。不过，值得注意的是，小酒厂相比较大酒厂而言，往往会走捷径，有时会存在品质不恒定的缺陷，有时品质得不到保障，不排除有些酒会有过度添加的嫌疑。

购买中小酒厂的产品，最便捷的检测方法——买那些您经常喝，口感好、不上头，并且周围朋友都反映品质不错的酒进行收藏。经过市场和时间检验的东西，往往没有错。

从爱好角度来做新酒收藏，则小藏怡情，每个品牌、每个种类均可略收一二；倘若从投资角度来收藏新酒，则需要注意新酒收藏中存在的资本炒作的风险。当然，风险和收益一向是成正比的关系。是选择稳妥地投资，还是选择“刀口舔血”冒险投资？这就要看您自己的选择了。

结语

很多朋友收藏老酒既希望能喝，又希望升值，更出于怀旧情怀，本文中的分类建议并非绝对，希望能起到抛砖引玉的作用。事实上，大部分老酒都兼具饮用、升值、文化价值。无论出于什么目的收藏老酒，我都建议大家做好功课，不仅应该了解老酒历史、时间断代和各时代的产品特征，更应该在不断的学习中，找到鉴别真伪的方向。

细节至上，
鉴别老酒真假

鉴别老酒真伪，就是一个不断较真的过程。

有关老酒的真假鉴定，一直是很多老酒收藏爱好者最为关心的问题。然而，真假鉴定考验的是经验、细心程度以及对酒知识的了解，它同样最难用语言来表述。在本文中，我尝试以案例说明，为老酒鉴别提供一些方法，希望读者能从字里行间获得些许感悟。

与其说鉴别老酒真假，不如说是给老酒挑错。一瓶没有错、没有疑点的老酒，便可认为是真品。在挑错的过程中，需要具备较为完善的基础知识：如酒厂历史、酒厂厂名的变化、酒厂商标的变化、酒标准信息的变化，酒的酒瓶封口酒标等细节是否经得起推敲，酒的包浆品相协调度是否契合，酒的包装盒原箱是否有历史的陈旧感……总的来说，是一个系统的过程。在本文中，我将以案例说明，在日常生活中，我是如何鉴别老酒的。

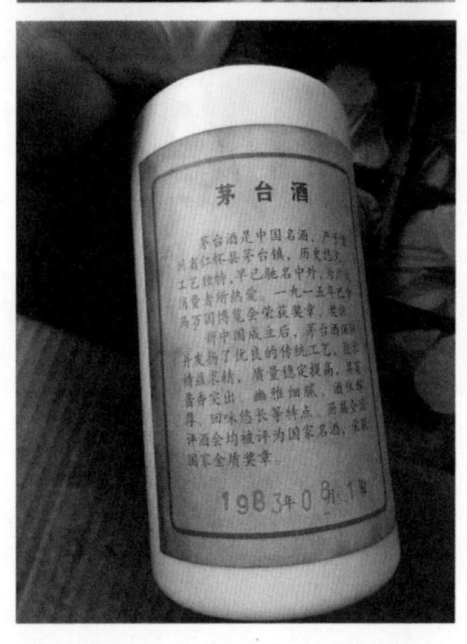

一瓶在老酒玩家看来“一眼假”的低仿茅台酒。

需要提醒大家注意的是，经过本章的阅读，您大概可以了解如何将市场上一些主流的假老酒剔除出去；而一些市场非常罕见、高仿的老酒，尤其是售价不菲的顶级藏品，往往需要上手并凭经验进行判断，不建议初涉收藏的读者贸然购买，因此，不在本文的讨论范围。此外，近年来中国酒类产品包装取得突飞猛进的发展，一些名酒大厂更是采用了非常先进的防伪识别技术，因此，新酒产品的鉴别亦不在本文的讨论范围。

让我们先来看一瓶酒：这是一瓶在老酒玩家看来“一眼假”的低仿茅台酒，然而，我身边仍有不少朋友中招，买了该酒。如何给这瓶酒挑刺？

八十年代地方国营茅台酒（棉纸包装）。

八十年代末铁盖茅台酒。

挑刺酒厂历史

这瓶酒最明显的特征，在于酒厂名为“地方国营茅台酒厂出品”；此外，采用了红色金属铝盖封口。对于收藏茅台的朋友来说，这两个细节非常关键。

了解酒厂历史，人们一定会知道，1982 年 10 月左右，茅台酒停用了“三大革命”的背标，俗称“地方国营”的茅台酒由此开始。此时茅台酒外包装仍然采用二十世纪六十年代左右采用的棉纸包装（见图片中箱子内酒的外包装纸）。

1986 年 8 月，茅台酒容量由 540 毫升改为 500 毫升，原有的塑盖封口改为金属铝盖封口，俗称“铁盖茅台”（见下图），与此同时，纸包装取消，取而代之的是纸盒包装。

熟悉茅台历史的朋友一定知道，地方国营茅台和铁盖茅台分属于不同时期，从这一点便可以将该酒彻底否定。

挑刺酒标细节

不过，老酒鉴别是个系统化过程，我们还需要对这瓶酒的细节进行反复确认，否则也许也会错失收藏一瓶错版酒的机会。

通过对比真假两瓶酒的酒标材质我们可以看出，真品茅台尽管历经数十年时间，浑身上下仍散发出一种金色光泽（有酒友将这种金色称为“泥金色”）；而假茅台则浑身土黄，纸张粗糙而拙劣。

其二，正品茅台，周身协调，文字富有立体感。假茅台趋于平面，丝毫没有立体感。

其三，正品茅台五星大小符合审美标准，而假茅台五星图案比例失调，套色工艺粗劣，完全感觉不到茅台酒瓶标的和谐美。

其四，“中外驰名”四字的间距和字体均与正品有一定的差距。真品茅台“中外驰名”四个字字形饱满；而假茅台的“中外驰名”四个字则瘦了身，协调性大打折扣。

真假两瓶酒的酒标。

挑刺酒瓶细节

假茅台瓶标做旧明显，但酒瓶却特别透亮白皙，丝毫没有真茅台的乳白玻璃历史感。

挑刺外包装细节

用绵纸包裹酒瓶是贵州茅台酒的一大特色，裹在茅台酒身上的绵纸，是一个时代发展的见证，弥漫着历史的气息。然而，假茅台的绵纸是什么样的呢？我们一对比便能发现其中端倪。

真假包装对比图。

挑刺背标细节

故意做旧、被熏得黑黄的背标，还有故意放大、清晰得可怕的生产日期标注方式（这种造假方式揭示了造假者心虚的特点），所有这些细节无一不在向我们透露着这瓶假酒的粗制滥造。

鉴别老酒真伪，就是一个不断较真的过程。

有些朋友喜欢听故事，比如说“这瓶五十年代的茅台酒是我老家翻新房子的时候，从家里的阁楼上找出来的，应该是我爷爷那个时候藏下来的”，等拿到手上一看，原来是后仿的假酒。

有些朋友不关注细节，往往看漏了一些重要信息，如下图中的郎酒据称产于八十年代，但光看它酒标上的®符号（八十年代郎酒没有将®标注出来）以及52度的酒精度数（酱香型白酒通常是53度），我们就知道这种说法不值得相信。

有些朋友对老酒的“老”存在很深的误解，以为越破越脏的酒才是正宗的老酒。文末的杜康酒看起来脏污不堪，这让不少消费者发出“这么脏，肯定放了很多年，确实是老酒”的感慨。实际上，这是造假者利用了消费者的心理，通过给酒标染色，或将酒埋在土里等各种手段炮制出来的假货。

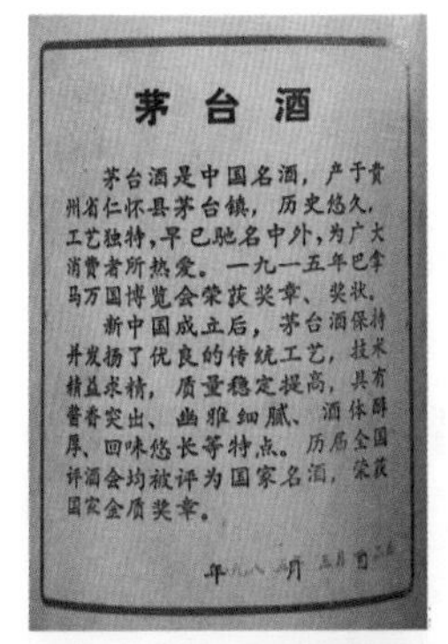

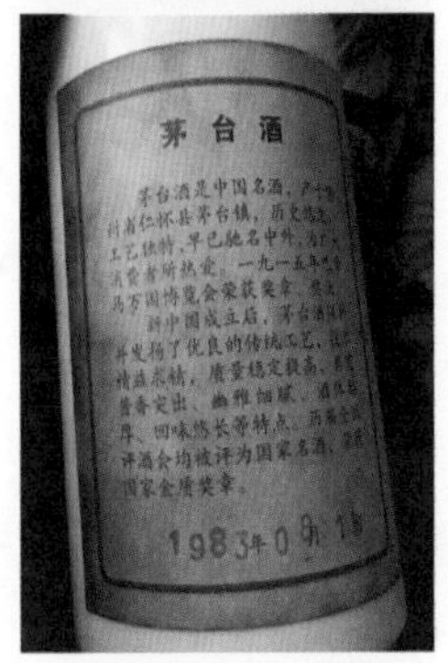

一瓶铁盖茅台酒，背标用的是地方国营的背标，足可见造假者不懂茅台历史。

假郎酒。

还有些朋友遇到高度接近真品的酒，便放松了警惕。此时建议大家多关注细节，尤其是金属封口的精致度（这个在九十年代的中国名酒上最能得到体现）、酒标的烫金激凸工艺、封膜的韧度手感、外包装盒的厚薄及手感，都是值得反复推敲之处。

老酒鉴定无法速成，更多的是靠积累的经验去判断真假。近几年，老酒造假水平不断提高，所仿的老酒品牌越来越多，以前仿品以中国名酒为主，如今造假者将目光投向了八十年代的地方小酒。然而，真的假不了，假的真不了，只要带着挑刺的热情，细心比对，假以时日，相信您一定能练就一双火眼金睛！

假杜康酒。

老酒收藏的风险

炒股不如炒老酒？
其中的风险不容忽视。

八十年代北京特曲

2015 年，央视《经济半小时》曾以《老酒收藏正当时》为题，对老酒收藏市场进行了专题介绍：一位贵州的投资者称，他投资的老酒在 7 年时间里价值暴涨了 10 倍。“炒股不如炒老酒”，一时间成为人们议论的热点话题。

老酒收藏市场的持续升温，体现在社会不同层面的火热上：老酒收藏界一年一度的老酒交流会；各大电商平台开始增设“老酒”类目；在线白酒平台老酒拍卖的兴起……一瓶在当年也许平凡无奇的酒，几年之后，以几十倍甚至几百倍身价归来的情况也是屡见不鲜。种种火爆现象无一不在刺激着消费者脆弱的神经，于是如痴如醉的收藏爱好者与日俱增，老酒概念深入人心……这都似乎在预示着，全民收藏老酒的时代已经到来。

然而，正如一枚硬币有正反两面，在诱人利润下，老酒收藏也存在着巨大风险。

风险一：假货风险

老酒市场并未完全成熟，尚未形成科学有效的鉴定体系，更没有固定的供应链；一着不慎，就容易上当受骗。所以，假酒是收藏老酒的头号风险。在前文中我曾提到，目前造假的老酒存在三种情况：真酒造假、老假酒（老仿）、假老酒（新仿）。造假者通过各种做旧、打孔、换标、后封膜、后压盖等手段，炮制出一批批仿冒老酒流向市场，数量触目惊心。

风险二：跑酒风险

对于存世动辄二三十年的老酒来说，跑酒是再正常不过的事情。然而，一瓶跑酒的酒，与一瓶品相好的酒，收藏价格却相去甚远。很多刚入行的收藏者并不懂得老酒保存的专业知识，对老酒的保存环境、包封方法均存在一定的误解。如此一来保存不当，势必随着时间推移发生跑酒情况，价值随之降低。

我曾见过一箱八十年代的 12 瓶装茅台，其中有 3—4 瓶都已

原箱茅台酒。

经空了，其他的也均有不同程度的跑酒。这便是酒收藏中不可预计的风险所在。

风险三：品质风险

白酒保存时间过久，酒的成分会发生变化，从而失去原有的风味。同一箱酒中的两瓶酒，酒质也会有所不同。通常情况下，老酒的适饮期应该在15—30年，酱香型酒的适饮期可以更长。有些老酒由于保存条件不好，从而产生异味、杂味，甚至变得寡淡；即使酒是真的，品质也发生了变化。

此外，市场上还存在着大量垃圾酒。二十一世纪初，市场上充斥着各大品牌、各系列的低端酒，大都是酒精勾兑而成，在当时卖价十分低廉，这些低端酒保留至今，被行内称为“垃圾酒”。这种酒历经多年存放，“媳妇熬成婆”，但酒中的酯类香精物质早已发生水解，借着“老酒”名号混淆市场不说，品质更是低劣。

老酒收藏的风险如何规避?

对于这个问题,我有下面几条建议:

其一,做好包封处理。

其二,确保老酒保存环境符合条件。经常听到朋友在酒桌上谈笑说要把买来的酒埋在地底下,吸取“日月精华”,简直让人哭笑不得。我必须强调,这样万万不可!不要放在潮湿的环境,不要和有异味的物品放在一起,不要埋在土里!请大家牢记老酒存放环境五要素!

其三,不要收藏酒瓶设计存在重大缺陷的产品。以饱受诟病的老四特酒(十五年陈酿)为例,这款产于十几年前的酒被老酒界公认为存在产品设计缺陷,经常是历经多年存放,瓶中滴酒不剩。因此,酒瓶材质有问题、封口有问题的酒,要慎重收藏。

其四,在经济条件允许的情况下,尽量不要收藏酒厂早期的低端酒(尤其是新工艺勾兑产品)。二十一世纪初的低端系列酒往往为酒精勾兑,即使收藏再多年,也没有什么增值潜力。

最后,切忌抱着捡漏的心理收藏老酒。随着老酒概念的普及,老百姓开始认同老酒价值,老酒回收价格随之日趋上涨,低价捡漏的可能性越来越小。与此同时,由于从事老酒交易的门槛低,专卖假老酒的商家也越来越多,各种噱头酒、概念酒、发霉酒随之而来。所以收藏老酒,建议选择您身边信誉度良好的老酒商,这样至少可以让您少走弯路。

老酒保存五要素

通风

避光

防潮湿

密封

防异味

老酒保存方法

用正确的方法，
让老酒少遭受岁月的摧残。

江西省南昌市翠林路，不起眼的城市一隅，我的陈年美酒展厅便坐落于此。每天有不少访客前来展厅，惊叹于中华酒文化之浩瀚精深，感慨坚守收藏之不易之余，问的最多的一句话便是：“曾老师，你这一万种酒就这样簇拥在这里，需要怎么保存才不会跑酒？”

如何保存老酒，是本文之要点。正如前文中谈到老酒的风险，受到当年生产设备和工艺的局限，老酒的挥发和跑酒有时是不可逆的，我们只能在现有的条件下，尽可能地为老酒创造好的保存环境，做好老酒的包封处理。

老酒保存环境

陈年白酒较其他品类收藏保存难度更大——不但要保护好它的外形，还要尽量保护好内在的酒不挥发和变味。

与红酒平放保存不同的是，白酒的保存只需要保持正常的竖放状态即可。有些人将老酒放在潮湿的地下室，这是不可取的。更最不可取的，是将酒埋在土里，不仅令酒的外观大受影响，还会使酒受杂菌感染发霉，甚至产生黄曲霉等毒素。

论及保存，首先必要谈到的便是老酒的保存环境。请大家牢记前文中提到的五要素：通风、避光、防潮湿、密封、防异味，缺一不可。能做到避光则更佳，此外，切忌与一些有异味的物品放在一块儿。

南方连绵仙境般的水雾之气以及颇具地方特色的回南天与梅雨季，使得储存老酒时尤其需要注意防霉、防蛀。

相比之下，北方空气干燥、冬季寒冷，则需要注意防止酒标变脆、塑料封膜开裂的情形（塑料封膜常见于二十世纪七八十年代的老酒）。

手握老酒的正确姿势

手拿老酒同样需要采用正确的姿势。90% 的消费者习惯于用

正确的拿酒姿势，应该是用手握住瓶身，将瓶体稍稍倾斜。

手提住酒的瓶口。这样的手提姿势对一些有塑料封膜的老酒来说是危险的，尤其是一些原封膜已开裂的老酒，一次不小心的手提姿势，可能会让老酒封膜立即分崩离析，从而使收藏价值大打折扣。

正确的拿酒姿势，应该是用手握住瓶身，将瓶体稍稍倾斜。

老酒保存要点

要点一：初步处理。先检查您的藏酒，如是旋盖封口，则尝试轻轻把瓶盖顺时针拧紧。历经岁月的洗礼，许多老酒瓶盖已经有所松动，因此防止“跑酒”首先要做的便是进行封口初步处理。

检查藏酒的封口。

要点二：局部清理。很多老酒布满岁月灰尘，有些更是看起来脏污不堪，然而，我仍不建议盲目用湿布大面积擦拭白酒瓶身。有些老酒身上，会带有一些岁月留下的特殊痕迹，这些痕迹落在瓶口、瓶标与瓶身的结合处，形成了一层特有的“垢”，这种岁月留痕即是前文提到的“包浆”。

进行局部清理。

野蛮的擦拭方法会破坏酒瓶上的包浆，这些遗留在瓶标、瓶口等处的历史痕迹，会因为不专业的清洗方法而消失殆尽，反而令酒的收藏价值大打折扣。因此，建议在瓶口、瓶标与瓶身的结合处，保留其原有的历史痕迹。

要点三：封口处理。这也是老酒保存最关键的一步。好的封口一经处理，则可延缓瓶中老酒的挥发。然而，众所周知，白酒吸附能力很强，因此在封口包装材料的选择上要避免封口包装材料的异味被白酒吸收。目前市场上较为流行的封口材料主要有：食用蜡、生料带、保鲜膜等。

重新处理封口。

将食用蜡加温融化成液体，然后将酒瓶倒置，瓶口直接在液体蜡中浸一浸即可。然而，这种方法并不适用于塑盖封口的老酒，高温的液体蜡容易导致瓶盖变形；此外，该方法不适用于漏酒情况，将老酒倒置将会使漏酒情况更加严重；最后，食用蜡封口的方法会破坏瓶盖的原始状况，不容易还原为老酒原本的样态，因此，从观赏角度而言，稍逊一筹。

处理瓶身，保护酒标。

生料带，即人们熟知的在家庭装修中常用于管件连接处，以此增强管道连接处密闭性的材料，它的密封性特别强，是非常理想的密封材料。

然而，生料带的化学名称是聚四氟乙烯，将其作为封口材料长期与酒瓶口接触，使用时间一长，其气味会被酒渗透吸附，因此也不是理想的包装材料。

称重，是老酒保存的必要一步。

我建议针对不同类型的老酒，采用不同形式的封口材料。金属铝盖的老酒，第一层与封口接触的材料可采用干净、无味、无毒的PE食用保鲜膜，一般的超市都有售卖。使用保鲜膜进行封口并不复杂，将保鲜膜裁剪成7—8厘米宽，正三圈反三圈直接包裹在酒封口即可。有了保鲜膜作为第一层封口，起到阻隔作用。第二层则可以选择生料带进行包装，由此一来，封口的密封性更加得到保障，酒质也进一步得到了保证。塑料盖封膜的老酒，尤其是封膜已经破裂的老酒，建议尽量不要破坏封膜原有的形状，直接对酒进行密封袋处理；倘若强行使用保鲜膜，时间长了，往往会扯掉原有的封膜，得不偿失。

要点四：外观处理。优良密闭的老酒封口处理完毕后，下一步则需要对老酒的外观进行全方位的保护，这其中，针对酒标的处理则尤为紧要。一些老酒的酒标常年受损，容易翘边或局部开裂，此时需要以保鲜膜进行包裹，如此一来，既保证了酒的观赏价值，又保护了瓶标不再受损。

要点五：外包装处理。瓶口、瓶身、瓶标处理完毕后，建议大家将处理后的老酒称重，并以密封袋进行密封，并且将老酒进行编号，如此一来，老酒的专项保存工作便大功告成了。

老酒收藏，
是中国酒文化回归的前奏

数千年的酒文化落到实处，
便是老酒收藏。

九十年代双沟大曲

中国的酒文化，绝不可曲高和寡、空洞虚无，亦不可粗俗浅薄、虚荣附会。真正的酒文化，应该是有凭据、有温度、有故事的，这样的酒文化顺应人心，是敦睦人际关系的津梁。这种“有温度、有故事”的酒文化之真正落地，便是老酒收藏。

酒文化到底是什么？

国人动辄谈论酒文化，莫不将之与中国源远流长的酒诗词、历史典故、人物逸事相关联；或者索性将酒文化等同于喝酒的文化、拼酒斗酒的文化。令人遗憾的是，无法将数千年的酒文化传承落到实处。尽管人们言必称“大中华数千年酒文化”，倘若要说出个所以然，则往往说辞虚无缥缈、不知所云，说的最多的也就是一句“李白斗酒诗百篇”。对于消费者而言，酒文化透露着“可意会不可言传”的玄学意味。

“民国”时期的宣传画。

在酒厂，酒文化则面临着说不清的尴尬。你偶尔可以在酒厂的“百年传承史”中找到酒文化的身影，也可以在酒厂推出的某一款文化美酒中寻得它几分芳踪。然而，对于销售至上的酒厂而言，梳理酒文化、还原酒文化、让消费者体验酒文化是劳心伤神之事，酒文化只不过是为酒厂品牌站台的“免费代言人”。新产品上市时，谈谈酒历史；酒厂做营销活动时，说说酒文化……在这些时刻能触及酒文化的皮毛，已属难得；想得其精髓，则几乎不可能。

这十几年来，我曾有大部分时间拨弃万事，一心沉入酒的海洋。收藏，是一个浩瀚的系统工程。小收藏怡情，大收藏则劳神。倘若坐拥数万件藏品而不整理、不归档、不研究、不传播，于我而言，是对藏品之不恭，也是对酒文化之不敬。正是这长达十余年在老酒收藏里的潜心涤虑，才有了如今对酒文化的几分理解——中国的酒文化，绝不可曲高和寡、空洞虚无，亦不可粗俗浅薄、虚荣附会。真正的酒文化，应该是有凭据、有温度、有故事的，这样的酒文化顺应人心，是敦睦人际关系的津梁。

老酒收藏——从饮用价值到文化复兴

十几年前收藏老酒的人，绝不会想到，这两年老酒收藏会如此火爆。纵观老酒收藏的发展脉络，我们可以清晰地看到文化在其中不容小觑的力量。

老酒收藏发轫于二十世纪末，当时人们认识老酒，是从老酒的口感开始的。一瓶二十世纪八十年代的茅台，经过长时间的贮存，到了九十年代末，其口感征服了很多“酒鬼”的味蕾。应该这样说，起步期的老酒收藏，其饮用价值受到更多的关注。

2008年至2014年，是老酒收藏的发展期。彼时国内开始涌现一批专业的老酒藏家，一些专业老酒交易网站亦随之建立。在此阶段，老酒的收藏价值日益受到关注。我本人在此阶段出版的三本有关老酒收藏与文化的书籍，首次在国内将中国酒的维度放大到了文化和历史的层面，得到较大反响。老酒网站、老酒书籍、老酒拍卖、藏家的推动，使得在这个阶段里，老酒圈开始作为一个小众群体，渐渐地在酒界发挥着自己的影响力。

我将2014年至今的这一阶段，称为酒文化的复兴期。在这一阶段，央视等媒体的多番正面报道，国内各酒厂与老酒收藏“联姻”，全国各地如火如荼地兴办老酒收藏协会，将老酒收藏以及老酒价格均推向又一高峰。老酒，不再仅仅是可以喝的酒精饮料、有升值潜力的投资品，它的背后更是值得传承与传播的传统文化。

现如今，我们发现，越来越多的老酒店铺转型为“老酒文化博物馆”，曾经做着老酒买卖的商人紧依文化，以自身的收藏经验和对老酒历史的认知转型成为老酒文化传播的大使。

不仅如此，乘着“老酒收藏”的东风，很多有历史、有传承的酒厂开始依托老酒文化，推出怀旧、复古产品。泸州老窖恢复了“文革”时期的老产品——“工农牌”泸州老窖特曲（简称工农泸特），这款始产于二十世纪七十年原型代的老酒在老酒圈里有着非常高的收藏价值，一瓶七十年代生产的工农泸特老酒，其在收藏市场上的参考价格约为1—1.5万元。

而在收藏界十分稀缺的地球汾酒（其得名于汾酒商标上有一个地球图案），其价值如今也得到市场认可，被誉为“最美复古酒”。

藏家的推动，酒厂的关注，是酒文化复兴阶段的一大特色。更重要的是，这个行业里开始有了专业的酒文化机构，它以深厚的老酒收藏为积淀，以实物实证出发研究酒文化，以新媒体及互联网的思维传播酒文化，以打造酒文化空间的形式带领消费者体验酒文化。从文化的挖掘到传播，再到商业模式的运作，形成“引流——体验——反馈——再次引流”的良性循环。

老酒收藏，是中国酒文化回归的前奏

老酒收藏，其最大的魅力在于，它不仅能喝，更能作为历史

不同器形的酒瓶传递的美感各不相同。

与时代的回忆得以保存。收藏不同种类的酒，对于回归中国酒工艺的传统、保护一些失落的酒种有着非常积极的作用。收藏不同年代的酒，可以深入其时代特征及历史人文。收藏不同地域的酒，渗透了不同地域的风俗人情、酿酒传统以及文化传承。收藏不同器型的酒，则鉴于它们的艺术和审美价值，它们或古典风雅，或古拙质朴，不同的酒器传递的美感各不相同。

在这样一个人人呼唤情怀、对工匠精神趋之若鹜的年代，沉淀了历史的老酒应是中国传统酒文化回归的前奏。而在我看来，这样实实在在、有温度、有故事的酒文化，极有可能就是中国酒业转型的下一个风口。

很幸运，我们身处这个时代。

文化

煮酒时光，漫说流年

老酒，是带有愉悦的陈味、附着历史记忆、有真实年份记录、具备投资属性的一种不可再生的文化资源。老酒收藏的价值，不仅在于口感、在于回忆、在于投资，更在于文化的传承。

一段行走的故事，便是一段揉捏了地方文化与工艺特色的过往。无论是早在明清时期便已开始的行走的汾酒，还是新中国成立后酱香型工艺在全国各地的普及，历史告诉我们，酒不只是可以喝的液体，更是可以“行走”的文化。

行走的汾酒

汾酒的『行走』，不限于酒的远销，
更是酿酒工艺的传播与融合。

六十年代地球汾酒

当收藏有了一定的积累，则发现不同地域文化的共性越来越多，汾酒便是其中一例。馆藏中，有不少各地老酒的酒标上赫然写着“汾酒”二字，不明就里的参观者经常问我，这些是否是汾酒的分厂产品？我则会告诉他们，这些是汾酒行走的印迹。

晋商的商业人格，可见于汾酒之远播。不难想见，曾执全国商业、金融业之牛耳的晋商，守卫着以诚信天下为己任的精神，伴着驼铃之声，将汾酒带到了全国各地，随之传播的，是汾酒的工艺、文化与晋商之精神。

我曾受邀参访汾酒博物馆，于“人必得其精，曲必得其时，器必得其洁，火必得其缓，水必得其甘，粮必得其实，缸必得其湿”的“七必”中，感慨老辈酿酒人质朴的酿酒操守。我亦在丰富的馆藏文物、翔实史料中寻得汾酒渊源，称其为中国酒魂绝不为过。我更在山西王“味重西凉”的牌匾下怅然若思，阎锡山之于汾酒，是伯乐，因他助力，晋裕汾酒在“民国”时期成就霸业，开中国酒业诸多先河。

然而，这样的荣誉并非仅仅属于汾酒这个品牌，在本文中，我所说的汾酒属于山西母亲河——汾河其侧的杏花村。于我而言，在数千年的文化脉络中，汾酒的行走，更是一段值得被书写的故事。

从我收藏的“民国”酒标中，可见得曾经大江南北的酒铺作坊都有汾酒出售——太原的世兴号，北平的老大成，武汉的老天成、益成、五丰隆，安徽的张万泰祥，以及江西的永泰祥。

即便是中华人民共和国成立后，国内也有数不尽的名为“汾酒”的产品。

当汾酒来到陕西，便有了“山西客户迁入，始创西凤酒”

“民国”时期的永泰祥，传承自汾酒。

的说法。不仅如此，在陕西眉县亦由山西人开办的酿酒作坊广发号，历经时代演变，成为知名地方名酒陕西太白酒的前身。

清代，由汾酒工艺演变而来的西凤酒，在四川改进了泸州的第一个酿酒作坊，即泸州老窖的前身；而绵竹大曲、五粮液的老家族作坊则是在清代由陕西酒商移居四川筑窖酿酒，一段“山西——陕西——四川”的行走历史显得那么的顺其自然。

汾酒来到贵州，据称大概在清康熙年间。茅台镇原本只是赤水河畔的一个小渔村，清时山西、陕西盐商云集此处，将此地发展成为河边的繁华小镇，汾酒的技艺传播至此。在酿酒师结合当地特色的基础上，茅台酒不断发展演变，形成了自己独特的味道。

数百年前，汾酒的工艺不仅顺着“山西——陕西——四川——贵州”行走，更随着晋商的足迹遍布江南各域：山西——河南——湖北——湖南——江西。

武汉人曾在“民国”时期仿山西的做法，用大米酿造白酒，从而形成自己的特色工艺，由此汉汾酒形成。中华人民共和国成立后，武汉酒厂在老天成等糟房的基础上建成，汉汾酒工艺得以沿袭，黄鹤楼汉汾酒、特制汉汾酒，都是老武汉人耳熟能详的品牌。

汾酒，自明清时期便已进入素有“天下第一壮县”之称的湖南湘潭。不仅如此，山西人传播到武汉的汉汾酒工艺亦随之进入湘潭——湘潭汾酒就此得名。这样的记忆，一定还留存在老湘潭人的记忆之中。

进入江西，源自汉汾的酿造工艺结合南方本土的土烧酒，将高粱与谷物两种原料同时作为造酒原料，再以大曲辅之，酿出的酒既有糯米之柔甜纯净，又有高粱大曲的厚重醇绵。这种工艺传承到1949年后，成就了老南昌人念念不忘的三花酒。

七八十年代的龙滨汾酒、荆州汾酒、湘潭汾酒。

不仅如此，向北行走的汾酒，从山西到河北、山东、天津、北京、东三省，所到之处均在当地的粮食作物、风土气候、环境水源的共同作用下，产生了各自的特色。

即使是中华人民共和国成立后，汾酒仍未停止行走。从1964年开始，全国各地在“汾酒试点”的影响下出现了数不清的名为“×× 汾酒”的产品。除前文中提到的汉汾酒、湘潭汾酒外，还有河北隆泉的特制汾酒，内蒙古的海浪汾，大连的特制玉汾，黑龙江的龙江汾、镜泊汾、松江汾、景汾、佳汾、龙滨汾、宝清汾、雪花汾、玉泉汾、龙泉汾酒；河南的赊店汾酒、豫南汾酒、古寺汾酒，江苏的小汾酒以及宁夏的汾曲香等。

作为全中国最具备文化历史厚重感的汾酒，它的“行走”，不限于酒的远销，更是酒的工艺精髓传播各地，并与地域文化融合与共生乃至于形成有特色的品牌之结果。尽管如今市面上，以汾酒命名的地方品牌早已绝迹，但这一段历史应以铭记。

行走的茅台

从茅台易地试验，
到遍及全国的仿茅酱酒。

茅台酒是不可复制的，因为茅台镇的水土是上天独一无二的赐予，也因为茅台镇悠久的酿酒文化，形成了独特的微生物群，它们忠诚地聚集在茅台镇世代繁衍。虽然如此，茅台酒却曾走出茅台镇，经历了一段特殊的岁月。

珍酒之源——易地茅台

我的藏品中有一瓶回沙酒，生产厂家为“贵州省茅台酒易地试验厂”。这并非后人杜撰的假老酒，在它的身上，有一段耐人寻味的历史故事。

1975 年，根据周恩来总理关于茅台酒要发展到万吨的批示，“茅台酒易地试验”项目应运而生。“贵州茅台酒易地试验厂”在全国五十多个地方精挑细选后，最终落户在遵义市郊——一个没有工业污染、山泉清冽、气候与茅台镇相同、距茅台镇只有一百余公里的地方。

相比茅台镇交通闭塞、密不透风的整体环境，遵义的条件要好得多，交通便利，气候舒适，且是个大城市，因此，这个易地试验厂被寄予厚望。在当时，能前往遵义的酒厂职工极其令人羡慕，而留在茅台酒厂的员工最盼望的就是遵义的易地试验能取得成功，如此一来，整个酒厂便能从山沟里搬走。

贵州茅台酒易地试验厂集合了省内外专家、科研人员以及经验丰富的茅台酒厂技术人员，甚至运去了茅台镇的红土、赤水河的水，包括一箱子灰尘（据说含有丰富的微生物，是制造茅台酒所必需的），按照茅台酒的生产工艺流程，进行了 10 余年的茅台酒易地试验。虽然最终生产出来的酒的质量接近茅台酒，但是与茅台酒的口感仍有差异，想要生产易地茅台的想法以失败告终，而该厂最终也放弃了和茅台酒沾边的想法，于 80 年代中期更名为珍酒厂，专门生产酱香型白酒“珍酒”。

1985 年易地茅台试制品。

人们往往说，茅台酒只能是属于茅台镇的茅台，因为茅台镇的红土、赤水河狂放但清甜的河水，都是上天

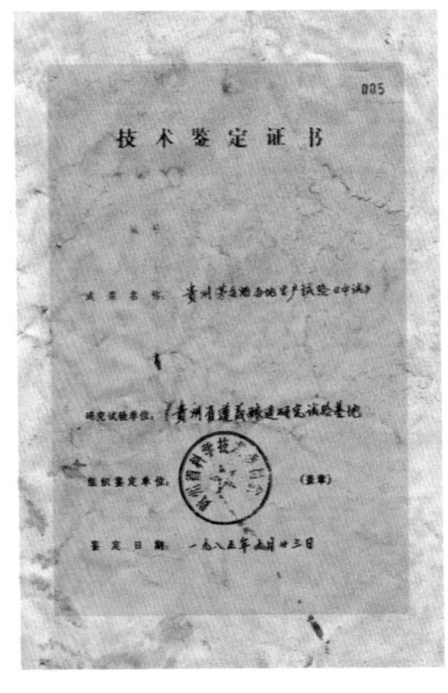

005

技术鉴定证书

成果名称：贵州茅台酒易地生产试验（中试）

研究试验单位：贵州省遵义酿造研究试验基地

组织鉴定单位：（盖章）

鉴定日期：一九八五年五月廿三日

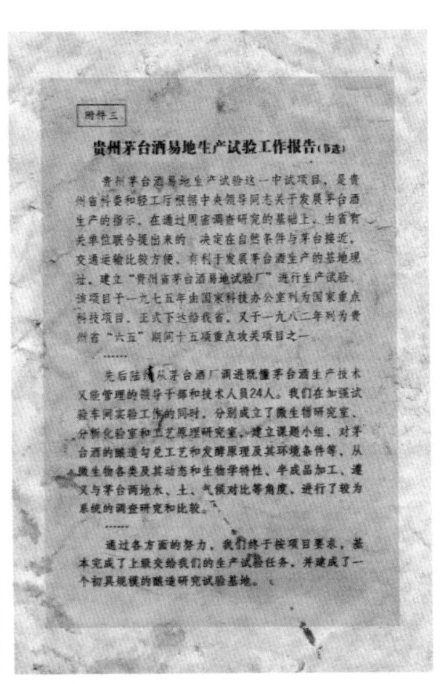

附件三

贵州茅台酒易地生产试验工作报告（节选）

贵州茅台酒易地生产试验这一中试项目，是贵州省科委和轻工厅根据中央领导同志关于发展茅台酒生产的指示，在通过周密调查研究的基础上，由省有关单位联合提出来的，决定在自然条件与茅台接近，交通运输比较方便，有利于发展茅台酒生产的基地规址，建立"贵州省茅台酒易地试验厂"进行生产试验。该项目于一九七五年由国家科技办公室列为国家重点科技项目，正式下达给我省，又于一九八二年列为贵州省"六五"期间十五项重点攻关项目之一。

……

先后陆续从茅台酒厂调进既懂茅台酒生产技术又能管理的领导干部和技术人员24人。我们在加强试验车间实验工作的同时，分别成立了微生物研究室、分析化验室和工艺原理研究室，建立课题小组，对茅台酒的酿造勾兑工艺和发酵原理及其环境条件等，从微生物各类及其动态和生物学特性、半成品加工、遵义与茅台两地水、土、气候对比等角度，进行了较为系统的调查研究和比较。

……

通过各方面的努力，我们终于按项目要求，基本完成了上级交给我们的生产试验任务，并建成了一个初具规模的酿造研究试验基地。

历史资料。

独一无二的赐予；茅台镇上空的微生物群是忠诚的，它们聚集在茅台镇炎热、潮湿、无风的"蒸锅"环境中世代繁衍；此外，茅台镇满山遍野的矮小"红粮"也是绝无仅有的。

总之，茅台酒的不可复制是天时、地利、人和无限衍生的结果。然而，很多人并不知道，早在易地茅台试验开始前的十几年，国内便已在尝试将茅台的酱香型酒生产工艺传播到全国各地。

六十年代试制茅台走向全国

三十年代，当时在江西的苏维埃政府遭遇反围剿，被迫向湘黔方向转移。红军来到遵义后，喝到了赤水河的美酒，如饮甘醴。从此，茅台借着与红军之间的不解之缘，伴随着时运，逐步站到了党酒行列。中华人民共和国成立初期的庆功宴上，开国元勋们对茅台酒口感念念不忘，周恩来总理更是将茅台酒视为外交利剑。

茅台真正的试点开始于 1964 年，由白酒界泰斗周恒刚主持，当时周总理提出要振兴中国白酒，茅台作为老四大名酒，自然是要挑起重任。

于是，从那一年起，周恒刚抽调了全国 11 个省（市）的酿酒技术人员和技术干部前往茅台酒厂进行学习，并在全国展开酿酒试点。也正是从那个时候起，酱香型白酒开始在全国普及起来。

总理的亲自指示、酒界泰斗的技术支持，再加上当时的社会背景，酿酒人干劲十足，全国各地出现了各种各样的仿茅台工艺的酱香美酒：向北行走到黑龙江，有了龙滨酒；当它来到辽宁，

凌川白酒、龙滨酒、武陵酒。

便有了凌川白酒；湖南由此有了武陵酒；而江西则诞生了第一款高端酱香白酒梅岭酒。

南橘北枳，却各具风味

诚然，茅台酒的风味是无法通过仿制而得到完全复制的，然而“南橘北枳”的上演却并非坏事。曾经的仿茅台酱香型酒到了各地，经与当地的风土结合，产生了自身独有的特色。我曾将一瓶七十年代产的梅岭酒开瓶品鉴，历经近四十年头，酒色已泛黄。打开塑盖封口，一股浓郁的酱香扑鼻而来。品饮老梅岭酒，更是一种舌尖和味蕾的享受，它陈味突出，酒体醇厚，回味悠长，空杯留香久久不曾散去。这样口感的老酱香型酒，亦不逊色于普通茅台的。

如此想来，我们的确应感谢这“行走”的茅台。

七十年代工农牌梅岭酒。

行走的“山寨”酒

借名酒之名，
酿传统美酒。

九十年代五粮液

山寨酒，并不是某个寨子生产的特色美酒，它指的是克隆、仿制的酒。在我的馆藏中，山寨老酒是非常有特色的类别，在我看来，它亦是一种另类的传统酒文化。当然，很多人并不知道，这种山寨之风，早在三四十年前便吹遍了大江南北。

山寨五粮液

五粮液原本有个阳春白雪的名字——姚子雪曲。在得到这个雅称之前，人们亲切地叫它“杂粮酒”。

有关五粮液的逸事亦不少，长发升的十几口明代窖池便是家族传承的馈赠，它与泸州老窖长达400年历史温永盛出品的粮食酒，应是浓香型白酒的典范之作。“民国”时期，五粮液便有了独特的商标图案，上有高粱、玉米、稻谷、荞麦、胡豆五种粮食，与而今五粮液的原料“小麦、大米、玉米、高粱、糯米”有所不同。

从二十世纪七十年代开始，全国各地均冒出各种名为“五粮液”的酒。其一，因为当时的品牌保护意识和知识产权意识薄弱。其二，以原料作为酒类名称，在当时看来较为正常，如“高粱酒”“苹果酒”“绿豆大曲”；而五粮液，顾名思义，由五种粮食酿造在当时以此为名，想来并不过分。其三，酒厂打擦边球，一来可以沾沾名酒之光，二来通过品名告知消费者酿酒采用的丰富原料，可谓一举多得。

整理馆中藏品，我发现了不少这样的“山寨”五粮液：湖北随州国营酒厂、湖南国营西洞庭酿酒总厂、山东临清酒厂、沈阳关东酿酒厂、河北鸡泽县酒厂均曾生产过五粮液。这其中，有些酒外形仿制得惟妙惟肖，乍一看去，还以为是正牌的宜宾五粮液。有些酒厂则打着各种擦边球：用着类似的包装，取名玉粮液、三粮液，鱼目混珠。

这样的仿制酒在当时并不少见：全国各地亦有以泸州老窖为名的“泸酒”；四川则有各种仿郎酒外观的杂牌郎酒（在藏酒界，我们将它们统称为“杂郎”）；而江西的四特酒品牌，早在八十年代也有了不少长得几乎一样的远亲——五特酒、三特酒，看起来令人忍俊不禁。

这些“山寨”酒厂采用了“五粮液”的名称，却保留了自有的注册商标和正规的厂名，因此，说它们是假酒也不太恰当，称为商标侵权则更为合适。我个人认为，这是中国一众名酒品牌在三四十年前的一次集体“行走”，是一种别样的中国酒文化。

八十年代全国各地仿五粮液。

在八十年代，全国各地生产山寨酒的酒厂虽然假借名酒之名，却也是在认认真真地酿造好酒：以当地粮食为原料，采用传统工艺，凭借着当地特殊的风土酿制生态美酒。比如前文提到的三特酒，我曾开瓶品鉴过。三十多年的陈年特香型三特酒，其香气、口感均不差于同年份的四特酒。应该说，有些“山寨”酒在当时只是少了一些出名的运气，并且酒厂自身没有过人的营销能力，所以只能搭着名酒的快车，走些捷径。

然而，到了九十年代末，这样的山寨酒逐渐变了味。一些酒厂不再专心酿酒，转而希望通过食用酒精勾兑求得产量利润，山寨酒渐渐消失，取而代之的却是假酒、仿冒酒。再后来，全国范围出现工业酒精假酒事件，这已经是后话了。

行走的花酒

香醅浅酌浮如蚁，雪鬓新梳薄似蝉。
为报洛城花酒道，莫辞送老二三年。

八十年代南昌三花酒

“花酒”本指用花酿成的酒，古时富家公子引用为狎妓饮宴之酒。有一些文人墨客受其影响，将花添意、酒助兴作为社会交际之一，并不认为是一种道德败坏的不耻行为，因而还留下许多吃“花酒”的诗词。而本文中，花酒之“花”，更多是指酒花。

中国的文字，颇有几番精妙。

比如“花酒”一词在不同语境，释义大有不同。其一，古时花酒有公子哥儿们于青楼楚馆，狎妓饮宴、以花添意、寻欢作乐之意。在古代，喝花酒是富贵人家的专利，平民百姓辛苦一年攒下的银子，还不够与青楼花魁喝上一杯（可见冯梦龙《卖油郎独占花魁》）。当然，风花雪月之事绝非本篇之主题；其二，与花有关的美酒，除玫瑰花酒，还有菊花酒、桂花酒，这些中国的传统花酒清凉甘美、养生益寿，是珍贵佳酿。

时至今日，花酒另有其意。现在仍有不少地方以“花”为酒命名，其花之意源自酒花。

桂林三花酒

酒花，在啤酒界被称为“啤酒花”，它可以使啤酒具有独特的苦味和香气，并有防腐和澄清麦芽汁的能力。在白酒界，酒花则指摇动酒瓶时形成的泡沫。有经验的酒友，都会通过观察酒花大小、持续时间来估算酒的度数。

以酒花命名的酒，自古有之，江西有一款酒名为“堆花酒”，其“花”指称的也是酒花，据说文天祥曾留下“层层堆花，真乃好酒”之赞誉。花酒最知名者，还是桂林三花酒，其“三花”之名得于清朝，因在摇动酒瓶时，酒会在酒液表面泛起晶莹如珠的酒花：入坛时酒堆花，入瓶时酒堆花，入杯时酒又堆花，因此取名“三花”。光是这样的酒名便让人心向往之，更不要提它特有的酿造原料和工艺了。

纵观国内白酒业现状，大曲白酒一统天下，而小曲酒则渐渐落入无人能识的下场。很多人并不知道，1979 年，在第三届全

桂林三花酒是中国米香型白酒的最佳代表。

国评酒会上，小曲酿制的米香型白酒便被评为中国白酒的四大香型，与它并列的其他三大香型分别是：清香型（以汾酒为代表）、浓香型（以泸州老窖、五粮液为代表）、酱香型（以茅台酒为代表）。而小曲米香的代表则为桂林三花酒。遗憾的是，米香型白酒却始终未能登上中国十七大名酒的宝座，纵使桂林三花酒的米香型属四大香型，仍然与国家名酒称号无缘。

米香白酒并非专属于广西桂林，它是属于江南的特色白酒，其风味根据不同的地域各有不同。很多人不解米香型酒之口感，其实它便是江南农闲时有经验的老师傅用大米、糯谷酿出的土烧酒，它所用的药曲（又名小曲）添加了中草药的成分，因而酿出之酒，闻起来有大米的香甜，喝起来更是醇香清雅、回甜爽口。

全国各地的三花酒

巧合的是，全国各地自二十世纪六十年代开始，便有三花酒生产。其生产最盛者，在江西省。时至今日，您若问访江西老表，一定还有人对南昌酒厂生产的三花酒念念不忘。不仅如此，二十世纪七八十年代，江西本地还有樟树、都昌、湖口等地生产三花酒。即便是在南昌城，便有南昌酒厂、洪州酒厂、恒湖酒厂、五星酒厂、万埠酒厂生产类似包装的三花酒。三花酒在赣鄱大地之兴盛，由此可见一斑。

江西的三花酒与桂林三花酒是否有渊源，我们已不得而知。有观点认为江西三花酒是桂林三花酒的山寨品，对这一观点我不敢苟同：如此大规模的全省范围内生产三花酒，且生产的三花酒原料、工艺、口感以及产品外观均与桂林三花酒不同（它并非小曲米香型，而是道道地地的大曲特香型白酒），说它山寨实在有些站不住脚，较合理的解释应该是当时的人们对酒花之堆花引起的共鸣，故而共用三花的酒名。总而言之，在江西本省，老百姓对三花酒的文化认同是丝毫不逊色于桂林三花酒的。

除江西外，早期国内还有很多地方生产三花酒，如湖南岳阳、安徽安庆、广西合浦、广东佛山、湖北黄梅均出现过三花酒的身影。这些酒见证了“三花酒”这一酒名曾在中国南方广为流传的历史，它们扎根于传统、立足于地域文化，拥有自己的特色之余，又兼具共同的文化属性。时至今日，这些三花酒品牌大都销声匿迹，而这些有幸遗存下来的老酒身上，则记录了人们满满的回忆以及业已失落的地域酒文化。

全国各地三花酒酒标。

行走的二锅头

一杯二锅头，融进了寻常百姓的日常天地。

五十年代红星二锅头

很多人并不知道，在中国，除了茅台、五粮液，还有一种酒，是老百姓公认的“中国味道”。在中国，它的拥趸遍及各行各业，无论是市井百姓，还是达官显贵。这一杯可以“呛得眼泪流”的酒，背后数百年的传承历史，更会引人兴叹。它便是——二锅头。

二锅头酒，是中国最早以工艺来命名的白酒（除二锅头外，还有“双轮池”“加饭酒”等也是以工艺命名）。中国白酒，根据不同香型工艺，蒸馏取酒次数也不尽相同：酱香型的茅台酒取酒七次，而二锅头则取酒三次。因为第二次蒸馏出来的酒最为纯正，浓度虽高却清澈甘洌、口感最好，所以得名二锅头，又被称为“二雷子”。

二锅头始创于北京，是京城当之无愧的特产。它的源头可上溯至金元时期的蒸馏酒“阿剌吉”。

到了清朝，“酒品之多，京师为最”。京城酒品之多，不仅有

五十年代，北京百货大楼售卖二锅头酒的柜台。

烧酒、露酒、黄酒，更有药酒、果酒，这其中以烧酒为大宗，昌平、延庆、通州等地均有私家酒坊酿制蒸馏烧酒。整个京城流通的白酒，大都以红高粱为原料，并以散酒形式进行销售。

直至清朝中期，京师烧酒作坊为了提高烧酒质量，进行了工艺改革，于是采用第二锅酒的工艺并流传至今，自此“二锅头”这个名号就算是定下了。

1949 年，北京的“当家酒”

1949 年 5 月，华北酒业专卖公司组建北京酿酒实验厂，专为继承传统酿酒工艺、发展北京特产。就这样，京城十余家老烧锅被收编，数百年的酿酒工艺由此得以传承下来。

之后不到半年，沿用传统古法的原料和工艺酿造的第一批二锅头酒成功出炉，北京从此有了“当家酒”。

你不知道的“红星”过往

最早的二锅头，采用“红星牌”商标。不过很多人并不知道，红星商标最早的使用权属于河北石家庄露酒厂，它与北京酿酒实验厂共同隶属华北酒业专卖公司。不仅如此，当时还有山西、天津等地的酒厂，也属于该专卖公司，因此，当时华北酒业专卖公司旗下的公司大都有权使用“红星牌”，五十年代的汾酒同样使用的也是红星牌。

有关“红星牌”注册商标，还有一段鲜为人知的往事：红星商标在当年是由一位日本露酒专家樱井安藏先生设计的。红星代表中国革命，而下面的飘带则意指欢庆胜利。1953 年，原本属于石家庄露酒厂的“红星牌”商标正式转给北京酿酒厂。

六十年代红星二锅头宣传画。

行走北京的二锅头

二十世纪五十年代，北京酿酒实验厂是北京唯一的酒厂，酒自然是供不应求，一度限购，每户每月凭购物本可购买两瓶。

1965年8月，依照中央发展“托拉斯”工业的精神，北京工业体制调整，北京酿造总厂合并成立。总厂成立后，开始向北京的郊区酒厂输送二锅头酿制技艺，并扶持这些郊区酒厂的发展。由此，二锅头操作流程、工艺规范渐渐形成。

到二十世纪八十年代，北京生产二锅头的酒厂多达十七家。除知名度最高的北京酿酒总厂的红星二锅头之外，还有昌平酒厂的“十三陵牌”、通州区酒厂的“向阳牌”、牛栏山酒厂的“潮白河牌”，并称二锅头老酒界的四大天王。除此之外，密云酒厂的“密云水库牌”、平谷酒厂的“泃河牌”、八达岭酒厂的“八达

二锅头四大天王：通州区酒厂的“向阳牌”、北京酿酒总厂的红星二锅头、牛栏山酒厂的“潮白河牌”、昌平酒厂的“十三陵牌”。

岭牌”、大兴酒厂的“永丰牌”、仁和酒厂的“仁和牌”都是当时“行走”京城的二锅头佳酿。如今，一瓶七十年代产的北京二锅头，动辄万元，有些稀缺品更是万元难求。

“行走的”二锅头：酿造工艺的普及

从二十世纪六十年代开始，二锅头的酿造技艺更开始传播到全国各地。

东北的二锅头

自二十世纪六十年代起，黑龙江、吉林、辽宁多地均出现了二锅头的身影，其中以语录版二锅头最为珍贵。

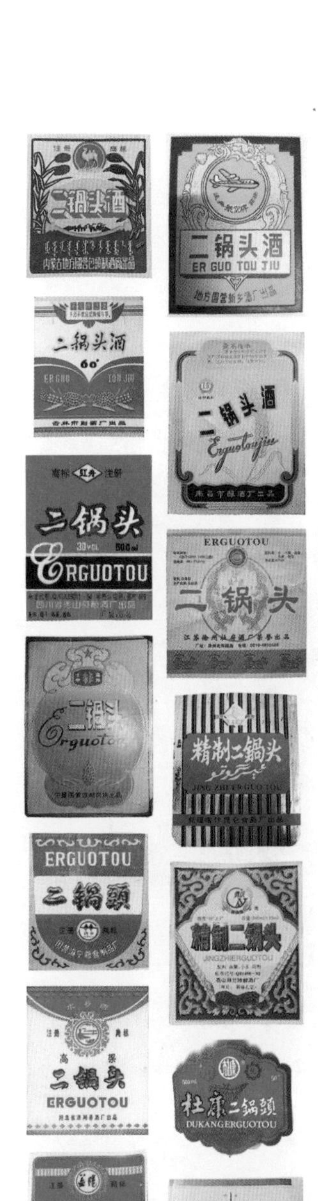

行走全国的二锅头。

华北的二锅头

河北、山西、天津等地的二锅头酒如雨后春笋般普及开来。

新疆、宁夏的二锅头

令人惊讶的是，七十年代，二锅头技艺竟然还行走到了遥远的西北。

江浙的二锅头

以生产黄酒闻名的江浙一带，竟也出现了二锅头的身影，足可见二锅头的影响力。

而华中地区的二锅头酒品牌繁多，从酒标来看，具有浓浓的历史韵味。

一杯二锅头，融进了寻常百姓的日常生活。它不仅是老百姓佐餐饮品，更可用来腌制咸蛋、泡制药酒、擦拭伤口、烹饪菜肴。它是老百姓的看家酒，又是外来宾客的特产酒。最可贵的是，它并不执着于一方水土，而是行走万里，将技艺在全国播撒。中国酒的精神，须当如是。

行走的膏粱酒

一字之间，尽得风流。

高粱，一年生草本植物，籽实碾去皮即为高粱米，可食用，还可酿酒和制成淀粉；膏粱，“膏”为肥肉，“粱”通细粮，泛指精美食物。是高粱酒，还是膏粱酒？是错版错印的酒标，还是有意而为之？我想，这其中必定有许多值得探讨和回味的故事。

曾有一位从北京远道而来的文艺界名人到访我的私人展厅，在翻阅了我的多本酒标图册后，与我就一枚名为“膏粱酒”的酒标中的“膏”字进行了长时间的探讨。这枚膏粱酒酒标存于我的酒标册中至少十几年，我之前对这枚酒标的印象并不深刻，仅仅是觉得色彩协调、古朴别致，很有些六七十年代酒的历史风貌。然而，这一种对于文字的纠结，却是不曾有过的。

查询史籍可得见，虞兆漋《天香楼偶得·膏粱》中云：“今人称富贵家子弟曰膏粱子弟，谓但知饱食，不谙他务也。”这其中的膏，与“民脂民膏”中的“膏”含义相近，而与我们熟知的高粱应是不同的。

“膏粱”一词在《红楼梦》中也有出现，曹雪芹笔下的李纨青春丧偶，却“居于膏粱锦绣之中”，言下之意，其吃喝穿戴奢侈华贵。古人对于经常食用膏粱的危害，也早有认知。西汉时期的《七发》曾这样评论膏粱：“甘脆肥浓，命曰腐肠之药。”借以提醒我们，肥美食物对身体无益，而这与我们现今提倡粗茶淡饭的观点不谋而合。

二十世纪六十年代的陈年白酒，
江西产膏粱酒。

另一种观点，膏粱中的“膏”通“高”。酒名为高粱酒，写法却有变化，如“民国”时期便有不少“高粱酒”，自然“膏粱酒”也并无二致。清代著名学者王培荀于光绪三年增补重刻道光二十五年《容县志》卷十八，《舆地志·风俗》中说道：“酒……有烧酒，膏粱为上。”“民国”时期，山西等地的汾酒到了南方各处稍作加工，进行出售，这些酒通常取名“膏粱汾酒”。不仅如此，二十世纪六七十年代，全国各地有不少酒厂给自己的产品赋名“膏粱酒”，其行走的足迹遍及大江南北。

“民国”时期膏粱酒酒标。

“民国”时期膏粱酒酒标。

五十年代膏粱酒酒标。

“文革”时期膏粱酒酒标。

七十年代膏粱酒酒标。

南昌酒厂生产的膏粱酒酒标。

老一辈的酿酒人内心单纯，对品牌看得没有那么重要，一款产品，取个“高粱酒”（膏粱酒）的名称便已觉得到位。反观当下，酒类营销在品牌打造上无所不用其极，酒的品牌名称或奢华大气，或空灵玄妙，反而少了一点淳朴简单的味道。

我曾专门就“膏粱”一词，在我的公众号“陈香老酒”上与酒友展开了一番讨论。有酒友认为，膏粱用在白酒上，一语双关，即可是“高粱”的谐音，又赋予了品牌文化内涵——选精细粮食，酿膏粱美酒；饮膏粱美酒，享富贵生活。也有酒友认为，膏粱代表的是名门望族，而膏粱酒在当时算得上是酒中上品，非一般老百姓能喝得起。还有酒友提出：膏粱泛指美味的食物，借而引申美好富贵之生活，因此，膏粱酒更具醇馥幽郁、不可多得的潜在内涵。

酒友们察远照迩、博古通今，给我很多启发。不仅如此，当我们查询典籍，还能得到另一层信息，膏粱之膏，本义为肥肉。在中国的传统酒文化中，以肥肉浸渍于酒中，更是一种传承数百年的传统，广东名酒“肉冰烧”（雅称“玉冰烧”）便因这肥肉浸渍的工艺而得名。在一次与江西酒界专家的聚会中，我得知早期江西人也有此酿酒传统，以猪板油浸渍提升酒的品质，使酒的口感更加醇厚。

是通“高”？还是缘于肥肉浸渍的工艺？又或是酒中上品的特别指称？膏粱酒缘何得名，如今已不得而知。但传统酒文化的魅力便在于此：一字之间，尽得风流。

那些与酒有关的精神境界

酒是物质的，更是精神的。

杜甫有诗云："醉里从为客，诗成觉有神。"不仅为诗如是，在绘画和书法中，酒的精神更是体现得淋漓尽致。因此，在人类文化的历史长河中，酒已不仅仅是一种客观的物质存在，更是一种文化象征。

中国的古典诗词中，满是浓浓的酒味。将浓郁酒香渗入诗文者，莫过于李白的《月下独酌 · 其二》：

天若不爱酒，酒星不在天。

地若不爱酒，地应无酒泉。

天地既爱酒，爱酒不愧天。

已闻清比圣，复道浊如贤。

贤圣既已饮，何必求神仙。

三杯通大道，一斗合自然。

但得酒中趣，勿为醒者传。

爱酒之心，人人皆有。无论是圣贤、神仙，皆懂得酒中之趣。三杯下肚，可醉醺傲视；一斗美酒，更可与自然合二为一，逍遥万物。

酒是物质的，更是精神的。自古酒之别名，雅俗共赏，或以典故演绎，或据酒之形态、色泽、功效，这些酒的代名词是中国酒文化重要的组成部分：它是可除忧来乐的“欢伯”，亦是令人难以割舍的“忘忧物”；它是金光碧色的“金波”，亦是新醅初酿的“绿蚁”；它是陆游闲携的“清圣”“浊贤”，亦是能使人狂放不羁的“狂药”。试想，三五好友，闲坐小酌，吟一首“三人成邂逅，又复得欢伯。欢伯属我歌，蟾兔为动色”——不着一“酒”字，却尽得笑傲江湖之风流。

这“忘忧物”“扫愁帚”，到今日统统被“酒”字所取代。当然，也不尽然，应该说，是被各种名酒品牌所取代。一席饭局，倘若有人叫道要喝忘忧物，那是必被人当作笑话的。听惯了高大上酒名的人们，哪里容得这些老气迂腐的陈腔滥调？！

酒是物质的，更是精神的。

酒的精神属性逐渐消失，取而代之的，是世人对名酒品牌的趋附认同。品牌之于酒名，无论多么高大上、有品位，只要消费者认同，便都无可厚非；但倘若酒名中能承继几分传统，传袭些许古拙，在我看来，则是锦上添花之事。

幸运的是，名酒之中传统犹在——有以酒仙李太白为名之酒，有以酒祖杜康为名之酒。而机缘巧合的一次河北之旅，让我邂逅以竹林七贤酒仙“刘伶”为名的“刘伶醉”酒，更是充满回味。

放在如今，刘伶应是竹林七贤士中社会地位最低之人，然而，放荡不羁、独立俗世的刘伶在七贤

八十年代的刘伶醉酒。

中却为人熟知。一段刘伶醉酒的故事，不仅是流传千年的经典，更是北方人民喜闻乐见的评剧。如此想来，相比较七贤中默默无闻的向秀、王戎，刘伶之所以闻名至今，应是托了这“醉酒”之福的。世人只知刘伶醉酒而卒，却不知彼时刘伶已近耄耋，能于怡然陶醉中逍遥离世，这对于年近八十岁的老人亦是福分。

刘伶之《酒德颂》，亦值得一读。因为有酒，则可“以天地为一朝，以万期为须臾。日月为扃牖，八荒为庭衢”，于是，天当被子地当床。不仅如此，因为有酒，懒理世俗之纷争；因为有酒，则睥睨万物，将茫茫众生看作“汉江之载浮萍”。

刘伶一世，唯有《酒德颂》留存，本是打诨解嘲，却命名为“德”、为“颂”，实乃反讽。据说刘伶出门便挂酒榼于车，令人荷锄随之，曰“死便掘地埋我”。每每思及至此，我便感慨：真切之人，无思无虑，其乐陶陶。这样的逍遥，最见于酒之精神境界，无怪乎刘伶会被称为“天下第一酒鬼”了。

纵观中国数千年酒文化，也许没有一个朝代像魏晋时期那般经历如此狂烈的饮酒之风——频繁的政治变故，社会的动荡不安，悲观堕落的世态格局，纵情醉酒的人生态度。而除了刘伶，再也不会有第二人写出如此插科打诨却又引人共鸣的《酒德颂》。

刘伶之醉酒经典、《酒德颂》之逍遥脱俗，如今成为刘伶醉酒厂品牌精神的延续。我曾到访酒厂，金元时期的古烧锅遗址是酒厂之物质传承，也是历史的珍稀馈赠。而刘伶醉酒厂对传统酿造之坚守，与我对酒的理念不谋而合。中国的白酒品牌，定是需要民族精神的根基，方能不忘初心；而回归传统酿造，回归酒之本质，则可走得更远。倘若有一天，老百姓看到的都是真实可信的酒品信息，喝到的都是价廉物美的传统美酒，该有多好！

酒不是妖，是照妖镜

罪魁祸首不是酒，
酒不是妖魔鬼怪。

在很多人的口中，酒是妖，是魔，是毒药——伤肝、伤肾、慢性毒药。喝酒的聚会越来越少，与之对应的是，不喝酒的理由越来越多——医生不让喝，开车酒驾不喝，有事在身不喝，身体抱恙不喝……

曾几何时，人类对酒多么敬畏

远古时期，摆脱不了对自然物和自然现象的崇拜，我们借酒祭祀，以此通天通神、慰藉心灵、战胜恐惧。

古时凡举行大的节日仪式，必少不了酒。出征之时，要用酒激励士气，以壮军威。胜利归来，必以酒庆功；即便铩羽而归，仍少不了借酒浇愁。

因为没有得到滤酒用的苞茅贡品，周王发动了对楚王的战争。鸿门宴离不开酒，群英会离不开酒。没有酒如何煮酒论英雄？没有酒如何杯酒释兵权？

没有酒，何来千古名篇？

没有酒，便没有千古极品、天下第一行书《兰亭集序》；没有酒，便没有“颠张醉素”登峰造极的书法境界；没有酒，便不会有满腹诗书的李白，更不会有那句流传千年的“举杯邀明月，对影成三人”。

没有酒，不会有曹操“何以解忧，唯有杜康”的豪迈；不会有陶渊明“采菊东篱下，悠然见南山”的田园雅趣；更不会有李清照“东篱把酒黄昏后”的浓浓情愁。

醒着的人，你怎么知道醉的快乐？

醒着的人，你哪里知道微醺的惬意呢？温一壶月光下酒，来几碟小菜做伴，飘飘然往事如临在前，一伸手好像就能抓住命运和未来。这就是微醺的感觉。

醒着的人，你哪里知道醉酒的洒脱呢？喝了酒，不睹泰山之形，不觉寒暑切肌、利欲感情。恍恍惚惚抱着人又笑又哭，醒来后或如仍在梦，或觉料峭春风，静立孤山之巅。

醒着的人，你又哪里知道酒醉的得意呢？万物不在话下，众生不过是浮萍。那些平日看不惯的更不过是“蜾蠃”与“螟蛉”——怎一个“爽快豪迈”了得！

酒不是妖，是照妖镜

一杯酒，照见本性——使善者更仁，恶者更憎；智者更明，愚者更昧；勇者更强，怯者更弱。

一杯酒，照见心情——心情好时能助兴，心情差时能解愁。

一杯酒，照见人心——无论狂饮、细品，主动、被动，都能见之真诚；是谦谦君子，还是戚戚小人，都在杯盏之间。

酒不是妖，是照妖镜。

酒不是妖魔鬼怪，而是物质与精神的完美结合。

罪魁祸首不是酒，酒不是妖魔鬼怪。

那些叫嚷着“远离酗酒”的人，你们要远离的不是酒，而是借酒装疯的人。

酒胆和酒量——天赋异禀，强求不得

无论小酌怡情还是大碗喝酒，都是对心灵的一种难得的放纵。有些人喝上半杯甜酒酿便醺醺然，有些人喝上一瓶仍面不改色。但倘若逼无酒量之人放胆吞酒，那便是强求强迫，没有半点美感，无怪乎大家谈起酒来避之唯恐不及。

以酒量衡量人，更不靠谱——那些动辄说“某某酒量一斤半”的人，只能说明说话这人根本不懂喝酒。同理，一壶好酒倾入喉中，舌尖没有半丝回味，事后自诩“昨天喝了一斤”以显豪迈的人，根本不懂喝酒。

酒没有变，喝法要变

有趣而又可悲的是，被妖魔化的，仍是中国酒。

谈起葡萄酒，便是浪漫的法兰西文化和葡萄酒有软化血管、美容养颜的奇效；谈起清酒，便是大米酿造的工匠精神、徜徉春日的新酒、伴着蝉鸣的夏吟。谈到中国酒，尤其是中国白酒，却是伤肝伤肾。同样是酒，含量同样是酒精和水，何以差别竟然如此之大？！

酒没有变，是人变了。

酒没有变，我们的喝法要变。

酒要喝传统工艺的，喝不添加、原生态的，这是对平日辛苦忙碌的慰藉。

酒要喝陈年老酒。只和你喝上一回两回的人，算不上性命相托的生死之交；老酒中的陈味，就像老朋友，见的是岁月，喝的是交情。

少喝点，喝好点，慢慢品，细细咽——善于饮酒的人才会得了酒趣，又不失了酒德。

即使偶尔喝多了，酩酊大醉（这样的次数不宜过多），就当是生活的偶尔释放。

酒中作乐，何尝不可？